惧动力

拓展自我的根本力量

[美] 苏珊 · 杰弗斯 Susan Jeffers /著

周城城 /译

Beijing United Publishing Co.,Ltd.
北京联合出版公司

图书在版编目（CIP）数据

惧动力：拓展自我的根本力量 /（美）苏珊·杰弗
斯著；周城城译. —— 北京：北京联合出版公司,
2020.6

ISBN 978-7-5596-3463-4

Ⅰ. ①惧… Ⅱ. ①苏… ②周… Ⅲ. ①心理学—通俗
读物 Ⅳ. ①B84-49

中国版本图书馆CIP数据核字(2020)第035052号

FEEL THE FEAR AND DO IT ANYWAY By SUSAN JEFFERS
Copyright: © 1987, 2007 BY SUSAN JEFFERS
This edition arranged with DOMINICK ABEL LITERARY AGENCY
Through BIG APPLE AGENCY, INC., LABUAN, MALAYSIA.
Simplified Chinese edition copyright:
2020 Beijing Zhengqingyuanliu Culture & Development Co., Ltd
All rights reserved.

北京市版权局著作权登记号：图字01-2019-4641号

惧动力：拓展自我的根本力量

Feel the fear…and Do It Anyway

著　者：［美］苏珊·杰弗斯
译　者：周城城
责任编辑：宋延涛
封面设计：平　平
装帧设计：季　群　涂依一

北京联合出版公司出版
（北京市西城区德外大街83号楼9层　100088）
北京联合天畅文化传播公司发行
北京中科印刷有限公司印刷　新华书店经销
字数180千字　640毫米×960毫米　1/16　15印张
2020年6月第1版　2020年6月第1次印刷
ISBN 978-7-5596-3463-4
定价：39.80元

在 巨 石 下 唱 歌

　　小时候，我家住在山里，房子下面有一条清澈的小河，上面则是悬崖峭壁。悬崖由五六块巨石构成，每一块少说也有百吨重。虽然它们可能已经嵌在那里上千年了，但我还是每天都害怕它们掉下来，成为灭顶之灾。

　　八九岁的我时常小心翼翼爬上悬崖，观察巨石之间的裂缝是不是变大了，还会预测巨石掉下去的轨迹，盘算能不能侥幸逃过一劫。同时我也感到奇怪，为什么其他小伙伴都能在悬崖下无忧无虑地嬉戏、玩耍，只有我整日提心吊胆？我不敢向人袒露内心的恐惧，我的恐惧成了一桩秘密。有个成语叫"芒刺在背"，而我是"巨石压心"。

　　随着一天天长大，我走出了家乡，也远离了那些悬崖，但我的恐惧并没就此消失，反而以其他方式蔓延、扩散。最突出的表现是，我害怕坐飞机。为了避免坐飞机的恐惧，我曾找各种借口，十多年都没出过国。

恐惧，让我压缩了自己的活动半径，以及生存空间。

后来，我阅读并出版了一些心理学书籍，也知道了每个人都会有一些害怕的事情。有人害怕演讲，有人害怕做决定，有人害怕亲密关系，有人害怕权威，有人害怕进入陌生领域……同时，我也知道了害怕并不是没有勇气的表现，害怕与勇气永远是邻居，不会相隔太远。正如斯科特·派克在《少有人走的路》中所说：

"大多数人认为勇气就是不害怕。现在让我来告诉你，不害怕不是勇气，它是某种脑损伤。勇气是尽管你感觉害怕，但仍能迎难而上；尽管你感觉痛苦，但仍能直接面对。"

读完这段文字，我感到了莫大的安慰：原来不只我，每个人都生活在恐惧的悬崖下。意识到这一点之后，我不再为自己的胆小而羞愧，并且，对于"尽管你感觉害怕，但仍能迎难而上"这句话，我有了更多的思考。我想了解一个人如何做到在恐惧中前行？怎样才能将恐惧转化为力量？这种力量又应该如何培养？

后面的事情，就像人们常说的"学生准备好了，老师就会出现"一样，当我心心念念想着这些问题的时候，答案也就悄然来到身边。

一天，我无意中看到一本书——《世界最伟大的 50 本心理励志书》，作者是美国人汤姆·巴特勒。书中介绍了很多世界级的著作，包括中国的《道德经》和印度的《薄伽梵歌》，《少有人走的路》也赫然在列，此

Feel the Fear...and Do It Anyway

惧动力：拓展自我的根本力量

外还有《男人来自火星，女人来自金星》《生命的重建》《活出生命的意义》等。其中还有一本书，名字叫 *Feel the Fear...and Do It Anyway*，直译过来是《感受恐惧，无论如何也要去做》。我心中一震，预感这本书一定能回答我的很多疑问。

幸运的是，我们不仅找到了英文原版书，还获得了版权。

两年之后，当我开始编辑中文译稿时，深深地感受到了它所蕴藏的力量。为了更好地凸显原书中的精髓，我们将书名译为《惧动力：拓展自我的根本力量》。

惧动力，就是认识恐惧、接纳恐惧、承受恐惧，并带着恐惧前行的能力。世上没有不恐惧的人，关键是如何在恐惧中迈出脚步。恐惧是一种压缩自我的力量，当我们感到恐惧时，我们的肌肉会收缩，身体会蜷曲，内心会封闭，行为上要么选择逃跑，要么就抓住某件东西不放。而惧动力则是拓展自我的最根本力量，一旦我们拥有了这种力量，内心会敞开接纳生活中的一切，变得成熟和坚强。没有惧动力的人，会在恐惧中失去意志力和行动力，陷入心理瘫痪。

敲定书名前，我还想到了我的大姐。十多年前，她在体检时发现患了肾癌，并且接近晚期。听到噩耗，她的心中充满了痛苦、沮丧、恐惧和怨恨，很多个夜晚，她都在怨天尤人和惶恐不安中难以入睡。但很快，她就接受了现实，并将恐惧转化为了力量。她每天坚持爬山锻炼，调控饮食，还经常外出旅行，以积极的态度面对疾病和恐惧。一次，她去成都华西医院检查，我的一位朋友去看望她，回来后惊讶地告诉我："你大姐红光满面，一点也不像一个癌症病人。"

我的大姐无疑是位拥有惧动力的人，这种能力并不是天生的，而是来自后天的培养，培养方式正如书中所说：改变认知，接纳一切，带着恐惧前行。很多人之所以缺乏惧动力，是因为紧紧抱着"受害者心理"不放，他们总是抱怨别人，埋怨命运，将"我怎么这么倒霉""都是因为他（她）我才这样""我真可怜"和"要是……那该多好"作为口头禅。如果一个人认定自己是受害者，就会自然地陷入悲伤、消沉和绝望。相反，一旦摆脱了"受害者"身份，就会选择行动，并拥有力量。心理学家维克多·弗兰克被囚禁在纳粹集中营时，尽管肉体备受摧残，但内心始终坚信："在任何境况下，人都可以决定自己的回应，这种选择的自由是一个人的终极自由。"

我们无法控制生活中会发生什么、遭遇什么，却能控制自己对这些事情的反应，而这就是培养惧动力的关键。

为了获得安全感，很多人会选择逃避，就像我过去坚决不坐飞机一样。这样做的结果便是画地为牢，钳制自我的发展。正确的方法是：改变认知，接纳恐惧，提升惧动力。惧动力的提升，会扩展安全感的领地，让我们有能力承受更大的恐惧，进而，自我不断变强。

斯科特·派克说："人生唯一的安全感，来自充分体验人生的不安全感。"

怎样才能从不安全感中获得安全感？在本书中，苏珊·杰弗斯博士用一幅图给出了清晰的说明：

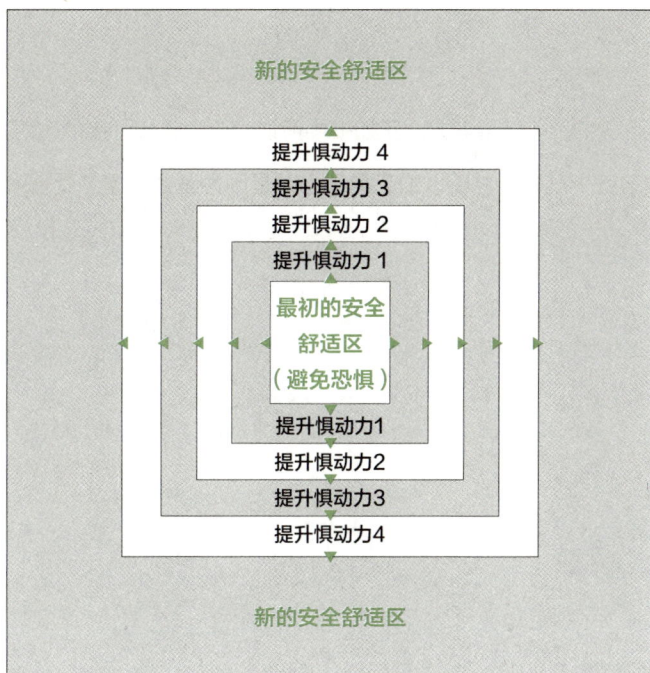

新的安全舒适区

提升惧动力 4
提升惧动力 3
提升惧动力 2
提升惧动力 1

最初的安全
舒适区
（避免恐惧）

提升惧动力1
提升惧动力2
提升惧动力3
提升惧动力4

新的安全舒适区

可见，避免恐惧虽然能让人舒适，却也将自我限制在了狭窄的空间内，自我因此变得扭曲、软弱，失去活力，而舒展和自由才是人们真正渴望的状态，因此，每个人都需要惧动力。

因为惧动力，我们得以跳出抱怨和无助的深渊，拥有了选择、行动和力量，即使站立在恐惧的悬崖下，依然有放声歌唱的勇气。

涂道坤

chapter 03　弱者视角与强者视角

chapter 04　如何跳出"受害者心理"

chapter 05　低海拔认知与高海拔认知

chapter 10 让心理能量像水一样流动

chapter 11 高阶自我：连接更宏大的力量

chapter 12 此刻是最好的起点，行动本身就是方向

引
言

成 长 ， 就 是 在 恐 惧 中 前 行

正式开始之前，请告诉我，下面这些事情，哪些会引发你的恐惧：

公开演讲

碰见上司

坚持自我

做出决定

亲密关系

换工作

孤独

一天天变老

驾驶汽车

坐飞机

失去爱人

结束一段关系

……

在这张清单中，你或许样样都怕，或许只怕其中的一部分，但我能肯定的是，必然有更多你害怕的事物没有写入其中。你尽可以自己把它们添上，不用不好意思，这世界上每个人都有害怕的事，挑战、改变、开始、结束、成功、失败、生存、死亡……只要你能想到的，都会有人为之恐惧。

但无论你害怕的是什么，这本书都将给你提供帮助，你将从中找到行之有效的方法，摆脱内心的无助与痛苦。

接下来我们给出的说法，可能会颠覆你的三观，让你非常惊讶：

通常，人们认为恐惧是情绪问题，但这并不符合事实。从本质上说，恐惧是教育问题，是人对恐惧的认知出现了问题。如果能转变认知，重新认识恐惧，人就可以做到与恐惧同行。为此，我提出了"惧动力"的概念。

"惧动力"，是一个人认识恐惧、接纳恐惧、承受恐惧，并将恐惧转化为力量的能力。这能力并非与生俱来，却可以通过后天学习得到。

拥有惧动力，我们就能与恐惧绝缘了吗？并不会。恐惧是生命的一部分，随降生而来，最后一刻方才离去，并且，我们也需要保持适当的恐惧，来让自己远离危险。但恐惧一旦过量，人又会负重难行，如何拿捏其中分寸？如何善用恐惧又不为其所累？都是我们将从惧动力中学到的。

年轻时，我深受恐惧之苦，却因为用错了方法，白白浪费了不少时间。那些年，我采用的方法就是不断告诉自己："你的能力有限，别冒险，肯定会搞砸的。"这声音或许也在你脑中响起过无数次，你也曾为此不敢动弹，那就让我来告诉你，接下来会发生什么吧。

根据我的经验，恐惧十分欺软怕硬，你越是回避它，它就越是缠住你。在我刻意躲避的那些年，恐惧搅得我一刻不得安宁，即使我咬牙拿到了心理学博士学位，也并未有所改观。

转折点出现在一个平平无奇的早上，我像往常一样费力地起床，胡乱套上一件衣服，准备去上班。就在出门前，我看了一眼穿衣镜，一下子就崩溃了。镜子中的那个人双眼通红，不用说，一定是昨晚流泪弄的，整个人萎靡不振，像是被人揍了一整夜。看着这样的自己，我心里的怒气顿时冲破了临界点，我说不清自己是在对谁发火，只知道冲着镜子不断大叫："够了！够了！我受够了！"

一直喊到嗓子哑掉，我才停下来。这次发泄带给了我不可思议的好处，在暴风雨过后，一种从未有过的释然与平和，从我心底慢慢涌起。我看着镜子中的自己，开始试着正视这个不完美的女人。我冲着她微笑、点头。说来奇怪，当我做这些的时候，我脑中那些盘旋了几年的声音突然不见了，一个全新的、温暖并有力量的声音响起。后来我才明白，我内心有片强大的领域被唤醒了，那是我的精神家园，也是惧动力的源泉。而当我被恐惧压制得不敢发声时，是看不到它的。

从那时起，我发现自己对恐惧并非束手无策，我有能力驱散心头的阴霾——而且肯定有比喊叫更好的办法。就这样，我开始探索将恐惧转化为动力的方法。

人一旦被勾起了探索欲，便处处都能获得灵感。在阅读中，在研讨班里，在与不同的人交流时，我用自己认可的方式，逐渐摒弃了之前故步自封的念头，我提升了自己的"惧动力"。一个意外的收获是，随着"惧动力"的飙升，安全感也水涨船高，世界开始以一种鲜活的模样展现在我眼前，它曼妙生姿，它温暖芬芳，有生以来我第一次感受到了爱的力量。

我知道，这种被恐惧禁锢的遭遇，绝非只我一例，于是，我有了个想法，要去帮助那些和我境遇相同的人。既然这套方法帮我在恐惧中获得了力量，它也一定能在别人身上有效。就这样，我在纽约新学院大学开设了一门课，叫"惧动力培训课"，课程的简介是这么写的：

每当我们想走出安全舒适区，去陌生领域里闯一闯，或者按照自己的意愿换个活法，不安、焦虑和恐惧就会如潮水涌来。在很多时候，我们确实被吓破了胆，索性躲在狭窄的空间里求得安全，而我们的活力与快乐，也因此被压缩殆尽。

我知道，面对恐惧，我们会不由自主地想要逃避，或者强迫自己与之一战。逃避是条容易走的路，但在这条路上，我们会丧失人生的乐趣；战斗者看似勇猛，但一旦将恐惧视为敌人，我们也就拉开了与恐惧的距离，无法真正了解它，尤其是它的价值。

但倘若我们换种方法——改变对恐惧的认知，进入恐惧，从恐惧中挖掘出强大的力量，并将这力量为自己所用——我们便培养出了至关重要的惧动力。

在这门课程中，我们就将学会如何获得惧动力，带着恐惧一路前行。

事实证明，以上所言非虚，我的学员们总能惊喜地发现：随着认知的改变，以前害怕的事情现在已经能泰然处之了。恐惧给了他们力量，也改变了他们的生活，就像当初发生在我身上的一样。这种成长是双向的，每当我倾听学员们的感受和故事，他们也成了我的老师，让我受益匪浅。

改变认知将是个浩大的工程，多年来，我们的认知早已盘根错节，每撬动一个部位，都会引发一系列的反应。但这却也是值得的，唯有改变，才能将生活塑造成我们期望的样子，也正因此，我们需要从本书中汲取获得惧动力的方法与策略。在这里，你将知道：

如何摆脱受害者心理陷阱；
如何在恐惧和无助中获取力量；

如何做出双赢的选择；

如何在经历挫折后还能实现目标；

如何获得高阶自我；

……

请注意，我们最终的目的，是将认知转化成行为，为此，书中设置了大量的强化练习，请你尽量跟着去练，主动投身其中。你参与得越深入，收获也必然越多。

恐惧是一扇虚掩的门，推开它，我们便能实现自我的拓展。而成长，就是将畏惧变成动力，在恐惧中前行。

Feel the Fear...and Do It Anyway
惧动力： 拓展自我的根本力量

chapter 01

为什么越是害怕什么，
就越会发生什么

在每一种恐惧的最深处，
都隐藏着这样的自我认知：
生活变化无常，我却无力应对。
于是，害怕的事情成了预言，
而我们自己则将其一一验证。
惧动力让我们强大起来，
有能力带着恐惧前行。

或许你早就听说过"墨菲定律"的大名，简单说，"墨菲定律"就是你越害怕什么事，这件事就越可能会发生。

这种仿佛中了邪的怪事，到底是怎么发生的？这就要说到心理学上的一个概念——自证预言。自证预言，就是你对自己存在某些看法和想象，这些念头就像是个预言，然后，你真的会不由自主地按照这些念头来行事，最终让预言成真。举个例子来说，如果你从小就受到母亲的嘲笑，她总说你长大后绝对不会有出息，一旦你接受了这种预言，就很容易自暴自弃，最后真的一无是处。相反，如果你的母亲总是肯定你，说你一定会成为有价值的人，你也会将自己塑造得有所作为。

我们为什么会让"预言"变成现实？又该如何有效避免倒霉事成真？在"惧动力培训课"中，我和我的学员们找到了答案。

每个人都心怀恐惧地活着

每一期"惧动力培训课"开始前，我都会在空荡荡的教室里等待学员们的到来。多年来的经验让我不仅对课程信心十足，对于学员们也十分了解——尽管我还没和他们见过面。我知道，人们在恐惧上存在共性，那就是都有自己想要做的事，但也都因为恐惧而停滞不前。在我的学员中，有人因为害怕寂寞，所以百般依赖他人；有人因为害怕社交，只能忍受形单影只；有人因为害怕改变，守着一潭死水的生活。总之，人人都被恐惧绊住了脚步，内心焦躁而无可奈何。

以上这些，从学员们进入教室时的样子便能看出。他们是如此惴惴不安，先进场的学员之间刻意坐得很远，互不交流，神情紧张，但同时还带着些期待。我并不担心他们会一直如此，他们既然来到了这间教室，就证明他们承认生活中的不如意，并且想要寻求改变。当座位被逐渐填满后，我站到学生们中间，启发他们说出自己的困境，于是，听到了这些故事：

唐想辞掉已经做了 14 年的工作，跨界去追寻自己的艺术梦，但迟迟没能下定决心；

玛丽·艾丽斯是一位演员，偏偏对试镜十分恐惧，不止一次找借口推掉了难得的机会；

萨拉已经结婚 15 年了，这段婚姻令她窒息，但是一想到离婚，她又忍不住害怕；

瑞贝卡倒是不想离婚，然而不知道怎么才能解决和丈夫之间的问题；

泰蒂天天担心衰老，尽管他只有 32 岁；

简是一位老年人，她很希望能和自己的医生坦诚交流，却不知怎么开口；

帕蒂想要拓展业务，但每次到关键时刻就会不自觉地刹车；

安娜一见到领导就紧张得发抖，说话语无伦次；

理查德退休了，他感到自己毫无用处了，很怕会一直这么下去；

凯文害怕遭到拒绝，不敢去约会喜欢的人，他想冲破内心的阻碍；

劳丽坐拥别人希望获得的一切，但还是感觉不幸福，她不知自己该怎么办。

很显然，没有谁能毫无惧怕之心地活着。

在这间教室里，背景和处境迥异的人们，却诉说出了同一个真相：恐惧是无所不在的，且阻碍了人们按照自己的意愿生活。

然而，就在学员依次说出自己的故事时，教室里的气氛悄然起了变化，最开始的紧张与拘束消失了，大家逐渐露出轻松的神情。轻松的背后藏着两个原因。第一，学员们发现人人都会害怕，自己并不孤单，这让他们感到了亲切与安全。第二，倾诉与聆听本身就是良药，在分享经历的过程中，人性的大门被缓缓推开，

Feel the Fear...and Do It Anyway
惧动力：拓展自我的根本力量

那种被理解、被接纳的感动如暖流在空气中涌动，穿透并感染了每个人的内心。

这一幕在我的教室内不断重演着，每一次分享还未结束，大家就不再是陌生人了，而他们对于惧动力的探索，也将由此展开。

或许有人会存在疑惑：既然学员们的恐惧五花八门，又怎么能指望在同一个课堂中获得帮助？如果你也有着这样的担心，不如和我们一起去逐层探究恐惧的核心，看看不同恐惧有着怎样的共性。

恐惧的三个级别

尽管这世界上人们恐惧的事情千差万别，但是总结起来，都可以分为三级。

第一级，属于"表层上的恐惧"，人们惧怕的往往是某个具体的事件。这一级的恐惧还可以细分为两类：自然发生不可抗拒的，以及采取行动可以应对的。比如下面列表中的这些：

第一级恐惧

自然发生不可抗拒的	采取行动可以应对的

害怕疾病	害怕失业
害怕退休	害怕换工作
害怕独处	害怕交友
害怕儿女长大后离开家	害怕结束或开始一段关系
害怕自然灾害	害怕坐飞机
害怕死亡	害怕权威
害怕战争	害怕驾车
害怕失去亲人	害怕当众演讲
害怕意外事故	害怕亲密关系

当然，这张表并不完整，我们也不可能将所有内容罗列其中。如果里面确实存在你害怕的事情，甚至你感觉自己全中了，也不用慌张，因为恐惧是具有扩散性的，会从一个点迅速辐射到各个方面。比如你最开始是害怕结交新朋友，很快会发现自己害怕参加各种聚会，甚至是求职面试，因为这些事件里你都必须和陌生人打交道。

在第一级恐惧中，我们害怕的是具体的事件，例如疾病、意外事故等。因此，当事件消失后，与之对应的恐惧也就消失了。比如害怕得病时，如果医生宣布我们身体健康，我们内心的恐惧感就会瞬间烟消云散。

而在下面要说的第二级恐惧中，恐惧则不会因为事件的消失而终止。

第二级恐惧和第一级不同，它不是源于外在的客观事实，而是扎根于内在的感受。

第二级恐惧

害怕被拒绝	害怕被操纵
害怕成功	害怕无助
害怕失败	害怕被质疑
害怕脆弱	害怕丢人

可以看出，第二级恐惧不同于第一级恐惧，第二级恐惧与事实无关，而是来源于我们的内心感受，因此，即使事件消失了，恐惧也不会终止。比如一个人如果害怕的是失败，那么即使他结束了一场比赛，也依然会为了提防其他失败而惴惴不安。

之所以会产生第二级恐惧，是因为我们心中存在着大量的幻想、猜测和怀疑，这些形成了一种心理投射，让我们对事物的认知发生了扭曲。于是，很多时候，实际上并没发生什么值得恐惧的事，但人们却已经在幻想中吓得瘫作一团了。比如一个人害怕被人轻视，心中会不由幻想出各种被人奚落、笑话的场景，看到别人交头接耳，就会怀疑是在讨论自己，和别人对话时，也会屡屡听出并不存在的弦外之音。而且，这种恐惧会肆意蔓延，在与朋友、亲人、同事、恋人相处时，都会产生类似的扭曲，最终，他认为全世界都看不起自己，进而封闭自我，不与任何人交往。

认识扭曲会放大甚至人为制造出负面影响，因此，第二级恐惧中的任何一种，都会如同一颗炸弹，大面积摧毁我们的生活。但炸弹虽然威力巨大，却依然属于外部进攻，如果我们足够心志坚定，还是可以抵御这样的外力的，而第三级恐惧，则具有由内而外的破坏力。

第三级恐惧是所有恐惧风暴的中心，是最骇人、最威力无穷的消极力量，也是将你死死困在原地的真正原因，我们开头说到的墨菲定律与自证预言，便是由此而来。

第三级恐惧

我无力应对！

Feel the Fear...and Do It Anyway
惧动力：拓展自我的根本力量

没错，这看似简单的一句话，便是第三级恐惧。这答案听起来或许不够振聋发聩，但却直抵恐惧的真相。

如果我们去深入探讨每一种恐惧，在将那些重重叠叠的大门不断打开后，会发现最深处站着的，一定都是它——"我无力应对"。我们之所以会产生恐惧，就是因为在我们的自我认识中，曾埋下过"我无力应对"的种子。当种子开始疯长，它在破土而出的过程中，会逐一激活我们的各级恐惧。

不妨看看，在"我无力应对"的解读下，每一级恐惧会产生怎样的变形吧。第一级恐惧：

我无力应对疾病

我无力应对失业

如果演讲时当众出丑，我真不知道该怎么办

如果孩子们长大后都离开家，空巢的我不知如何是好

……

第二级恐惧：

我无力应对失败

我无力应对丢人的场面

如果遭到对方拒绝，我不知道自己该怎么办

……

因为"我无力应对"，每一级恐惧都让人变得极具无力感。不夸张地说，"我无力应对"是一场地震，它会从内部瓦解我们的力量，让我们无法抵御任意一级的恐惧。

第三级恐惧的阴险之处，在于它不仅会造成认知扭曲，还让我们丧失了修正认知的能力，我们会感到莫大的恐惧，更会认为自己对恐惧无能为力，进而一错再错。在面对恐惧时，如果我们认定自己无力应对，很快，就会产生真实的无力感，我们的身体会瘫软，大脑会停摆，放弃思考对策，完全举手投降。于是，我们亲自证明了那些不好的预言，墨菲定律再一次得到验证，我们越是害怕什么，就越会发生什么。

"我无力应对"这句话，为什么会有这么大的杀伤力？

第三级恐惧摧毁的，是人们对于恐惧的免疫力，这是一种来源于内部的破坏。当我们对恐惧的免疫力尚存时，是可以应对第一级和第二级的恐惧的，然而，当一个人确信自己什么都无力改变时，便等于将恐惧免疫力彻底关闭了。想象一下，一个人的身

Feel the Fear...and Do It Anyway
惧动力：拓展自我的根本力量

体如果关闭了免疫力，最轻微的感染都会危及生命，同理，一个丧失了恐惧免疫力的人，会连最小级别的恐惧也难以承受。正因如此，同样的事件发生在不同人身上，才会有人只是微微泛起涟漪，有人却如同遭遇灭顶之灾一般——后者很可能被瓦解了对恐惧的免疫力。

可以说，第三级恐惧就像是灭霸的响指，看似轻巧，却是一种根本性的毁坏。

用惧动力重塑自信

我们应该做些什么，才能让自己应对恐惧的各级攻击？

首先，我们要明确一点：应对恐惧的着力点不在外界，而在内心。我们不必去费力掌控外界的一切，比如控制伴侣或孩子的行为，也不必时刻担心自己会在求职、恋爱与社交中遭遇什么，我们的目标不是和表层问题作战，而是要从内部重塑对于恐惧的认知。

其次，也是最关键的一点，就是要始终相信：**无论生活带给了我们什么，我们都有能力应对。**

请时刻牢记这一点，重复再多次也不为过。我知道，很多人对这句话其实心怀犹豫，不敢全然相信，因为我们从小受到的教育告诉我们"你的能力是很有限的",我们活在一个处处标注着能力边界的世界。

我认识很多位妈妈,但是从没听过哪位妈妈在孩子上学时会大声说:"今天要多冒险!"相反,她会不断叮嘱孩子:"亲爱的,今天一定要小心点。"这个"小心点"带有双重含义:"外面的世界很危险"和"你没能力应对"。

在妈妈们的殷殷嘱托后,其实还藏着一句不好说出口的潜台词:"你要是有个三长两短,我承受不了。"看,我们对于恐惧的不自信,就是这样传承下来的。

我至今仍然记得,幼年的我是多么渴望有一辆自行车,而妈妈又是如何坚决地拒绝了我。她每次都这样回复我:"宝贝,我可不希望你有什么意外。"但是这句话给我感受却是:"我没有驾驭自行车的能力。"直到多年后,我终于明白了妈妈那句话后真正想表达的意思:"你要是骑车出了事,我会疯的。"

让人啼笑皆非的是,有一次,我妈妈刚刚接受了一场大手术,躺在重症监护室里,鼻子和喉咙插满了管子。在探视快结束时,我在她耳边轻声说:"妈妈,我爱你,我很快会再来看你。"当我走到门口时,身后响起一个微弱的声音——你肯定猜到了——"小心点。"即使麻醉都没消退,她却还是不忘重复这句话。

我并不质疑母爱的伟大，但妈妈们的关心一旦过度，很容易培养出不自信的孩子：先是因为不自信，备受恐惧侵扰；继而因为不自信，不相信自己真的能够应付恐惧。

　　当然，家庭教育并不是恐惧免疫力低下的唯一原因，各种因由我们在这里就不一一赘述了。与其一味追根溯源，不如从现状入手，由内而外重建自己应对恐惧的免疫系统。

　　电影中有超级英雄捍卫世界，而我们的世界唯有自救，自救的终极武器，就是本书的主题——**惧动力**。惧动力能让我们形成对于恐惧的免疫力，内心变得坚韧强大，足以带着恐惧前行。

　　为什么是带着恐惧前行，而不是让恐惧消失？

　　首先，我们需要适当的恐惧，比如雷雨天不能放风筝，跳入火堆会烧伤，正是恐惧让我们学会了敬畏常识与真理。

　　其次，只要活着，便必然会感到恐惧。你或许已经在某个方面修炼到无所畏惧，但换一个战场，很可能就手足无措了，这一生中，总会有些事情让我们心中打鼓。后面的段落中，我们还将详细论述这一点，在这里，我们需要记住的只有一点：与其执着地等恐惧消失，不如学会带着恐惧前进。

　　请让我们再重复一遍那句口诀：无论生活带给了我们什么，我们都有能力应对。

请用这句话不停给自己注入力量，不要担心其中的心理暗示。心理暗示并不是什么洪水猛兽，我们没道理一面对消极暗示言听计从，一面却对积极暗示充满怀疑。在后面的章节中，还将有更多的心理暗示诀窍，它们都能帮你不断获取惧动力。

我的亲身经历足以证明，积极的心理暗示不仅十分有效，而且还能帮我们应对那些看似难以逾越的大麻烦。我曾有过一段异常灰暗的日子，先是遭遇了离婚，紧接着发现自己患了癌症。在那段日子里，我深深陷入了墨菲定律，每一桩担心的事情都变成了现实。

在经历了一段徒劳的东修西补后，我意识到，内部出现的问题，必须从内部解决。我不断告诉自己："无论生活带给了我什么，我都有能力应对。"就这样，惧动力在我心中越来越茂密茁壮，我的霉运真的逐渐停止了，生活焕然一新。

惧动力之所以如此神奇，是因为惧动力是一种感受恐惧，并在恐惧中前行的能力。它并不是让我们去彻底消灭什么，而是让我们与之同存，并能从这种独特的相处中获得成长，用一句话总结惧动力的作用，那就是：

越在恐惧中前行，就越有能力前行。

chapter 02

关 于 恐 惧 的
五 个 秘 密

我们对于恐惧常存在误解，
以为只要自己耐心等待，
恐惧就会自己消散。
我们需要了解恐惧的5个秘密，
了解它为何永远不会彻底消失，
我们又该如何应对。
只有懂得恐惧，
我们才能掌握恐惧的能量。

我们对于恐惧的误解

当珍妮特的大儿子小学快毕业时，她就计划要重新回到服装学院深造，成为一名时装设计师，但现在，连最小的孩子都上四年级了，她仍然待在家里。

她的理由各种各样：

"如果我去深造，担心孩子们放学回家后看不到我会害怕。"

"我担心家里没有多余的钱供我深造。"

"我担心老公觉得被冷落了。"

……

听起来似乎有些道理，但都禁不起推敲。事实上，她家里经济状况良好，丈夫愿意全力支持她，孩子们也都鼓励她去做自己喜欢的事，珍妮特给出的那些理由，不过是些冠冕堂皇的借口。真正阻碍珍妮特的是什么呢？

每一次，珍妮特打算打电话联系当地的学校预约面试时，都会格外慌张，于是她告诉自己：

"等我没那么害怕了，我再打电话。"

"等我自我感觉再好一点儿了，我就打电话。"

就这样，一天天拖延下去，多年过去，她竟然连一个预约电话都没打过。

珍妮特之所以害怕，源于这样的认知：首先，她认为恐惧会消失；然后，期待恐惧消失后再采取行动。这或许也是很多人的通病，一旦感觉不好，就按下停止键，期待恐惧的事能像天上的阴云一样，自然而然被风吹散，自己再一身轻松地继续走。

然而，任何拥有惧动力的人都明白，珍妮特对于恐惧存在着莫大的误解，恐惧根本不会消失，我们只能在恐惧中前行。惧动力的核心不是等生活变得完美无缺再行动，而是"无论生活带给了我们什么，我们都有能力应对"。显然，珍妮特没有认识到这一点，一个人如果未能穿越恐惧，就只能一直待在原地。

在这方面，我也走过不少弯路，最终，还是生活教会了我正视恐惧。在离婚前，我就像个孩子一样，把生活中的一切大事小情都交给了丈夫。离婚后，我为此害怕了好一阵，怕自己应付不了繁复的生活，但我此刻已别无所选，只能自己去做。正是在这个过程中，我的内心出现了变化。我体会到了不断增长的自信心，每当我做好一件事，哪怕只是修理吸尘器这样的小事，我也会有巨大的满足感和成就感。一天晚上，我在紧张和犹豫中，鼓起勇气邀请了一帮朋友来家中聚餐，这是我第一次独立举办派对，对我来说，这是一次里程碑式的飞跃。还有一天，我第一次独自预订了外出旅行的机票和酒店，那一天，对我来说也是可喜可贺的纪念日。

当然，生活不会永远顺风顺水，我的独立之旅也不乏波折，但我知道，此时的自己就像个蹒跚学步的孩子，想学会走路的技能，就必须忍受摔跤。每一个跟头，都能带来惧动力的提升，让我下一步踏得更加有力精准。我享受这样的成长过程，虽然不知道前面有什么在等着我，但我相信自己有办法应对一切。

当事情变好时，人难免会过分乐观。我也曾幻想，有朝一日恐惧会从我的生活中彻底消失，从此过上无忧无虑的日子。幻想破灭于我涉足一个新领域的时候，之前那种让人窒息的恐惧感，竟然又回来了，我咬牙坚持了一段日子，以为能将恐惧完全消磨掉，结果却出乎我的预料，恐惧感依然还在。但正是这次经历，让我发现了关于恐惧的第一个秘密。

秘密一：只要我们还在成长，恐惧就会一路随行

面对恐惧，很多人都会选择等待，就像珍妮特一样，坐等恐惧自行撤退，认为只要自己不再害怕了，事情就能水到渠成。而在所有应对恐惧的方法中，最天真也最无效的，正是这种"等我不再害怕的时候，我就……"的念头。

"等我不再害怕的时候，我就去练习开车"，"等我不再害怕的时候，我就去医院做检查"，这样的话你肯定已经听过很多，或许自己也做过不少类似的表态，相信不用我多说，你自己就很清楚这些借口有多敷衍，结果有多不尽人意。

在这里，我们必须认清一个现实：只要你还想成长，恐惧便永远不会消失。

抛弃熟悉的情景，进入新的领域，接受新的挑战，接受波折与失败……人生的每一个阶段，我们都会遇到新问题，这些问题催生了我们的成长，但也让我们心生畏惧。一个人在学生时代能信心满满地应付考试，不代表毕业后就能从容面对工作中的复杂关系；一对夫妻或许很会经营婚姻关系，但却对亲子教育非常头

疼。这些新任务对我们的人生的意义越是重大，就越是容易勾起内心的惧意。

还有些问题，过去曾让我们恐惧，我们一度处得不错，但是当它再次出现时，恐惧感却依然存在。比如 20 岁时我们和初恋分手，之后我们努力走出了阴霾，但这不代表我们在 25 岁再次失恋时就能无所畏惧，我们依然会害怕，会痛苦，会辗转反侧。

生命不息，便恐惧尤在。我们要么和它一起走，要么被它吓得原地躺下。这就是关于恐惧的第一个秘密：恐惧永远不会离我们而去，我们只能与恐惧同行。

发现恐惧的第一个秘密后不久，我又发现了它的第二个秘密。

秘密二：想让自己不害怕一件事，最好的方法就是动手去做这件事

人在恐惧一件事时，会想要和这件事保持安全的距离，或者尽量放缓行动的节奏，以便让自己思考得更加妥当，不出差池。而根据我的经验，距离、时间都无法让恐惧减少，反而是当我鼓起勇气动手去做一件事时，心中的恐惧就会开始后退。

由此我确定：*行动，是提升惧动力的秘诀之一。*

Feel the Fear...and Do It Anyway

惧动力： 拓展自我的根本力量

我在读博士时第一次登台讲课，那时学员们和我的年龄相差无几，此外，因为年轻，我开设课程的资质也引发了人们的质疑。第一堂课的前三天，我的心就像坐过山车一样七上八下，为了一小时的课程，我足足准备了八个小时的内容，但再多的材料都无法消除我的恐惧。

无限忐忑中，第一次课终于到来了。踏上讲台的一刻，我能感觉到心在怦怦跳，膝盖也在瑟瑟颤抖，全身瘫软无力，似乎自己要上的是断头台。但无论怎样，我还是度过了那堂课。

第二次课，我感觉轻松多了，我逐渐熟悉了教室里的面孔，慢慢也能把一些名字和面孔对上号。

第三次课比第二次课还好，而到第六次课之前，我竟然开始期待去上课了。和学员的互动很有挑战，也很令我振奋，那间曾令我害怕的教室，却成了我最向往的地方。终于有一天，我手里只拿着一页大纲就去上课了，而就在不久前我初登讲台时，怀里还小心地抱满了沉重的笔记，生怕自己因为忘掉了某个知识点而出糗。谁能想到，我这么快就变成了自己曾经羡慕的样子，而也直到这时，我才意识到自己已经在恐惧中走出了很远。

如果说我有什么秘诀，那就是即使感到了恐惧，还是选择将这件事做下去。后来，我又用同样的方法打消了对电视授课的恐惧，由此成了电视台的常客，就这样，我在恐惧中不断扩展着自己，越走越远。

就像我们不能用"等我不再害怕的时候，我就……"搪塞自己一样，我们也不能用"等到我对自己的感觉再好一点，我就……"去拖延自己的行动。"等我有了很棒的灵感，我就去圆我的写作梦"，"等我形象再好点，我就去找工作"，相信我，这些也都是借口。

我也曾经认为只要自己再自信些，就一定能将很多事处理得更好，但是如何才能获得自信呢？是靠别人的点拨？还是奇迹天降，让我一夜之间自信心爆棚？事实上，我的自信心正来源于处理一个个难题的过程，那些努力在恐惧中穿行的经历和成就，让我感到自己充满了活力。

而且，我还就此发现了关于恐惧的第三个秘密。

秘密三：只有先动手做事，才能让自己感觉良好

恐惧不仅会阻碍事情的进展，也会影响我们的心情，让我们感到自己糟透了。

有一段时间，我想写一篇论文，但害怕写不好，所以迟迟没

有动笔。在写下第一个单词前，我的心情几乎跌到了低谷，每天都焦虑地思索着应该怎么给论文开头，又该怎么搭建框架，想出的每一句话我都不满意，觉得它们不配出现在纸上。我甚至对自己的能力产生了质疑，认为自己大概永远也写不好论文了。

后来，我终于横下一条心，不再追求惊艳的开头和复杂的结构，而是脚踏实地去推进论文的进度。我开始真正落笔去写，把想到的都写出来，然后再返回头一遍遍修改。奇怪的是，当我努力做事时，我也渐渐不再感到烦躁。

论文的完成度每推进一点，我的心情就好一些，后来，我不再害怕写论文，也不再害怕自己写得不够好，更不再质疑自己的能力。论文未必有多精彩绝伦，但是完成论文这件事本身，却让我信心十足，畅快不已。

再后来，每当我在做一件事情前，如果因为担心而心情不好，我都会采取这个方法。

下面，我将讲述关于恐惧的第四个秘密，这个秘密也与接受新挑战相关，而且更容易引发人们的共鸣。

秘密四：每个人在进入新领域时都会感到恐惧，
我们并不孤独

你或许也有过这样的经历：你完成了某件事，并甩掉了对这件事情的恐惧，此刻，你的感觉是如此美好，于是，你迫切地为自己定下了新的目标，希望能体会更多的满足感。然而，当你真要尝试时，恐惧又回来了——不是对以前事件的恐惧，而是对新事件的恐惧。

恐惧就像是鼻炎，说不好会被什么事情招惹出来，弄得你浑身不自在。我曾经以为，那些在某方面名声在外的冒险家，一定是什么都不怕，因为他们的勇敢指数已经拉升到了很高的标准。后来我才知道，即使是徒手杀死雄狮的勇士，也有可能被某种从未见过的小动物吓得发抖，人们在面对陌生领域时，都会一样地茫然无措。

曾任纽约市市长的艾德·科赫看起来总是无所畏惧，然而有一次，他为了在公共聚会上的表演，不得不去百老汇学习踢踏舞，老师评价他简直"怕得要死"。这真的难以置信，一个动辄就要面

Feel the Fear...and Do It Anyway
惧动力： 拓展自我的根本力量

对愤怒的抗议人群的官员，一个做了如此多重大决定的男人，一个在竞选市长的过程中在万人面前慷慨陈词的政客，竟然会害怕一支简单的踢踏舞！

但这恐惧其实又非常合理，踢踏舞于他而言是一种全新的考验，他感到害怕是无可厚非的。

老实说，当得知关于恐惧的这个秘密后，我心中感到非常安慰，因为我知道了全世界并不是只有我在面对新领域时彷徨不安，大家都是一个样。但是，很多人之所以取得了比别人更好的成就，获得了比别人更快的成长，就是因为他做到了与恐惧同行。他们没有因为恐惧就放弃涉足新领域，而是虽然明确地感到了恐惧，依然迎难而上。

我的一位朋友是位白手起家的企业家，一天，他听我介绍了"惧动力"的概念，眼里顿时像是点燃了火把，他深有感悟地说："虽然我之前没听过这个词，但这就是我的人生哲学。"而我相信艾德·科赫之所以能当上纽约市市长，也一定曾在一次次进入陌生领域时，运用惧动力催促自己不要停下脚步。

我们之前总以为，一个人能取得成功，是因为他在做任何事时都不害怕、不畏惧，实际上，面对新事物的恐惧才是人的共性，而心怀恐惧后的选择，才决定了每个人的命运。

接下来，我要说关于恐惧的最后一个秘密，而这秘密可能会让你感到惊讶。

秘密五：想象出来的恐惧，比真实的恐惧更可怕

贾妮斯是一位家庭主妇，正值中年——这是个看似成熟坚固，实际上不堪一击的年纪。所以，她总以一种尽可能避免风险的方式安排生活。

早年间，贾妮斯嫁给了一位名叫迪克的成功商人，俩人的生活全由丈夫照料，不用她操心。从表面上看，贾妮斯无忧无虑，没有什么可害怕的，但她的脑中却常会冒出这样的念头："我的天，要是迪克出了意外，这个家该怎么办？"她经常对朋友说："我希望能在他之前离开，没有他我活不下去。"她将想象出来的恐惧，变成了对丈夫的依赖，但过分的依赖却让内心的恐惧越来越深。梭罗曾描述过类似贾妮斯的这种不安状态："在人类的所谓游戏和消遣底下，都隐藏着一种凝固的、不知不觉的绝望。"贾妮斯看似生活得舒适幸福，但实际上，却被想象出来的恐惧笼罩，惶惶不可终日。

正如俗语中说的："计划之外的部分才叫生活。"迪克在 53 岁那年突发中风，半身瘫痪。一夜之间，贾妮斯的支柱"咔嚓"一声折断了，面对这突如其来的打击，她愤恨地抱怨："为什么这种事情会发生在我身上？"但无论她多么抗拒，生活却硬逼着她去接受恐惧，承担起所有责任。奇怪的是，当她不安地开始学习接管丈夫的生意，不得不为他的治疗方案拿主意的时候，之前如潮的恐惧渐渐退去，她感受到了一种从未有过的淡定和从容。

贾妮斯的心理变化，可以用一首诗来表达——

"到悬崖边来。"
"不行，我们会摔下去的。"
"到悬崖边来。"
"不行，我们会摔下去的。"
他们来到悬崖边。
他把他们推了下去，他们却飞了起来。

恐惧犹如悬崖，越想越让人害怕，而当贾妮斯真的被生活推下悬崖后，却发现自己面对的状况，远没想象中那么可怕。更重要的是，在承受真实恐惧的过程中，她逐渐变得成熟、坚强起来，她完全可以穿越恐惧，大踏步前进。

现在，迪克已经恢复得差不多了，俩人的生活也恢复了昔日的美好。如果有人再问贾妮斯"要是……怎么办？"她一定会一笑置之："即使感到恐惧，我也能够应对。"

我们总在担心一些潜在的灾难，并想象出一些可怕悲惨的结果，比如孩子从自行车上摔下后受了重伤，比如创业失败后流落街头，于是，我们锁上了孩子的自行车，不敢辞掉厌恶透顶的工作。然而，这种被无限放大的恐惧，远比面对真实的恐惧所带来的后果更严重。臆想出的恐惧就像怪兽，会吸干我们的生命力，然而那些我们害怕的事情，根本就没发生过。

孩子从车上摔下，很可能只会擦破膝盖，创业失败，你也完全可以找份工作从头再来，结果未必就如我们想象的那么糟。但我们如果不去做，孩子将永远无法学会一项新技能，而你或许也错过了一个难得的风口，一旦对恐惧的想象变成了习惯，你将一次次不战而败，在失落与焦灼中循环往复。

以上，便是关于恐惧的五个秘密。这五个秘密，唯有真实体会过惧动力的人才能领悟并加以总结。这五点之所以称为秘密，因为它们具有很强的迷惑性，当它们出现时，很多人都会将之视为撤退的信号，而非前进的号角。

如果你也对这五点存在过误解，就要尽快改变自己的认知。从现在开始，每天将这五个秘密重复至少十遍，不断重复和巩固，让它们深入骨髓，内化成为自己的一部分，并能在遭遇恐惧时不假思索地化为行动。这真的很重要，稍后我会解释为什么要如此重复。现在，请相信我，在心中复述这些秘密：

关于恐惧的五个秘密

秘密一：只要我们还在成长，恐惧就会一路随行；
秘密二：想让自己不害怕一件事，最好的方法就是动手去做这件事；
秘密三：只有先动手做事，才能让自己感觉良好；
秘密四：每个人在进入新领域时都会感到恐惧，我们并不孤独；
秘密五：想象出来的恐惧，比真实的恐惧更可怕。

有人曾告诉我，他从来不会恐惧，因此也不需要惧动力，但当我追问下去后，发现他并不是没有恐惧，而是在他心中，只有那种足以让人抖如筛糠、骇人心魄的极端感受，才称得上恐惧。

但其实，凡是会引发我们不安与害怕的事情，必然伴随着恐惧。

我不敢说这世上一定没有毫无胆寒之事的人，但我至今从未遇到，也从未听说有这样真实的人类存在。《吉姆·汉森的说书人》里记录了一则民间传说，有个叫妄大胆的年轻人，他从来不知道恐惧是何物，他敢和沼泽怪物打架，敢和幽灵打骷髅保龄球，直到有一天他爱上了一个姑娘，"自己也许会失去她"的这个想法，让他平生第一次感到了害怕。

我想，再心志如铁的人，也会有让自己牵肠挂肚、唯恐无法掌控的人或事吧，从某种意义上说，一个能感受到恐惧的人，人性才算是完整。而芸芸众生中的我们，不可能做到心无恐惧，唯有参透关于恐惧的这五个秘密，然后，与之同行，并将之化为动力。

chapter 03

弱者视角与
强者视角

站在弱者的视角，恐惧是痛苦的根源。
站在强者的视角，恐惧是动力的源泉。
培养惧动力的秘诀在于转换视角——
将自己从弱者的一端，移到强者的一端。

看待恐惧的两种视角

在上一章，我们澄清了一个至关重要的真相：

尽管每个人在生活中都会感到恐惧，但还是有人能够在恐惧中前进。这说明恐惧究竟会给我们带来些什么，取决于我们如何对待恐惧。

对于有些人来讲，恐惧如同路上的石子，虽然随处可见，但并不会阻碍自己走路；而对于另外一些人来说，恐惧如同珠穆朗玛峰，自己一旦遇到，就完全无法翻越。

恐惧究竟是什么，要看你是以怎样是视角去打量它。强者视角的人，他的世界里并非没有恐惧，而是他选择了惧动力，让恐惧化为力量，进而催化行动，他也得以带着恐惧前进；而弱者视角的人，一旦触碰到恐惧，就会觉得自己遭遇了无助绝境，马上匍匐在地，沮丧地放弃了尝试，由此陷入心理瘫痪。

下面这张图，进一步阐述了这个概念。

从中可以看出培养惧动力的秘诀，在于转换视角——**将自己从弱者的一端，移到强者的一端**。这样，即使恐惧仍然存在，人也不会受其掣肘。

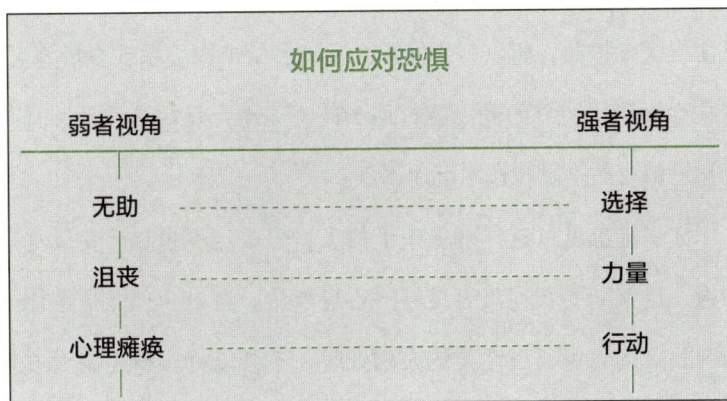

如何应对恐惧

弱者视角	强者视角
无助 - - - - - - - - - - - - - - -	选择
沮丧 - - - - - - - - - - - - - - -	力量
心理瘫痪 - - - - - - - - - - - - -	行动

对于成为"强者"，有的人是心存排斥的，在一些语境中，"强者"意味着咄咄逼人、控制他人。对于这样的误解，我感到十分遗憾，而我们这里谈论的"强者"，并不是具有侵略性的强势，而是内心的强大和坚韧，他们的强悍针对的是自己。他们会敞开自己接纳恐惧，并将恐惧转化为动力，他们有足够的心理力量，以应对生活的各种挑战，做有利于自身成长的事情，并身体力行地创造欢乐与美好。

这是一种积极健康的自爱，并不是对极端个人主义的追捧。

我也见过不少极端个人主义者，他们凶悍的外表下藏着深刻的无力，正因为他们被恐惧所困，才会色厉内荏，希望通过控制别人获得安全。恐惧带来无力感，无力感继而又加深了恐惧，这样的恶性循环在他们身上不断上演，最终，他们作为人类的正常情感已变得极度扭曲，所以，我们常会发现，一个内心缺乏力量的人，往往会表现出明显的爱无能，他会冷漠无情，只知索取，并且对能操纵他人的手段和权术沉迷不已。

你一定也见过这样外强中干的人，但一定不想自己变成这样的人，这就需要我们具有足够的心理能量。这是一种能带给你平衡与目标的力量，当你与他人相处时，不会以打压或控制对方为目标，当你寻求成长时，也不会指望依靠外部世界来充盈自己。在心理力量的驱使下，你会驾驭自己，与内心的渴望相通。

女人更该成为"强者"

对于"强者"，人们还存在一种误解，而且根据我的观察，这种误解大多发生在女性身上。在很多男性心中，"强者"是有力量的表现，是正面的，他们并不排斥成为强者。但不少女性却觉得，一个女人一旦被冠以"强者"，那就等于说她粗鲁强硬，毫无女性魅力，所以，她们宁肯不做强者，也要保持自己小鸟依人的女性韵味。

这无疑是个天大的误会，女人做"强者"只会给自己加分，丝毫无损魅力。想想看，一个不爱抱怨且总是带着自信微笑的女人，一个能在生活中展示出自己个性与友善的女人，必然更容易吸引赞赏的目光。况且，男人确实具有保护欲，但是没有人能永远做英雄，他们会更愿意选择一个能和自己携手同行的人。

而对于女性来说，爱，往往是生活中最重要的事。但爱的本质并非是娇弱与依赖，事实上，爱与惧动力才是一体。正因为有爱，人们会才能敞开心扉，勇敢地接纳恐惧和痛苦，并由此变得成熟和坚定。也正因为有惧动力，人们才会甘于承受失去对方或被对方伤害的恐惧，将爱持续而丰满地输送给对方，却不会控制对方，让对方感到窒息。越是心中有爱的人，越能拥有惧动力，反之亦然，这就是真理。

如果你是一位女性，如果你也对成为"强者"心存犹豫，请每天重复以下这三句话：

我很强大，我沐浴在爱中！

我很强大，我愿意爱他人！

我很强大，我爱生活！

你可以默念，也可以大声念出来，只要你能充分感受到文字中的力量，任何方式都可以。每重复一次，都是在搭建一种全新的关系，让"力量"与"爱"逐渐融合起来。

如何将"弱者视角"转化为"强者视角"

现在，我们已经了解了强者的含义，接下来，我们就来探索如何将"弱者视角"转化为"强者视角"。

我即将告诉你的，并非只是理论框架，而是一套易于理解，并能迅速见效的方法。

第一步：

画一张如下的示意图——

弱者—强者转化图

弱者 ————————————————→ 强者

请注意那些连续的箭头，这其中的某个点，便是我们目前所处的位置。可以看到，恐惧没有让我们彻底停止，但也还没有变

成让我们一路冲刺的动力，我们就像是拖着行李箱在跑步，虽然有目标、有行动，可难免脚步踉跄。

一位古时的智者曾说："前路本是坦途，为何自设路障？"我们遇到的阻碍，大多是我们自己造成的，而在下面的一系列过程中，我们就要学着一步步挪开路障。

第二步：

把"弱者—强者转化图"挂在墙上。

猛一看，这只是个简单的动作，实在不像一套方案的开端，但正是这个动作，却能极大增强我们的掌控感。

当你挂上转化图，代表着你已经身体力行地开始行动了。没错，你的身体真的动了起来，你亲手画了图片，涂了颜色，钉了钉子，还尽量把图挂得端正好看，你没有停留在空想，而是真的去做了。

而这张悬挂在墙上的转化图，还将持续发挥作用，它不停地提醒着你生活的正确目标——从弱者到强者。这不是别人的计划，而是你的，你可以做到转换视角，并且已经走上了培养惧动力的路。墙上的图会作为一个具象的存在，不断输出着这样的信号。

第三步：

在图上找到你目前所处的位置，钉上一个大头针。如果位置很靠左边，说明你对现在的处境基本无能为力，你感到压抑、沮丧和痛苦；如果位置很靠右边，说明你现在大部分时候都能够保持进取的态势，偶尔会在一些领域有些吃力；而处在中间位置，说明你有时会感到沮丧，失去动力，有时候则能够掌控自己。一个人很难获得对自我力量的绝对掌控，因为总有一些不可抗拒的力量会冒出来，扰乱我们的掌控感。

第四步：

每天都看着图，然后问问自己："我是仍然在原地徘徊？还是已经前进了？"然后相应地移动大头针，记录自己最新的位置。

第五步：

做任何事之前，先问问自己："这件事能让我向强者的方向移动吗？"如果答案是否定的，不妨三思。但如果，你明知这样的选择会把自己推向弱者一边，再三思量后，却仍然坚持原来的决定，也请不要责备自己。不如把这当成学习的过程，分析一下自己是哪些地方有所缺失，才会做出这样的选择。请记住，我们每一次生自己的气，就等于把自己放在了弱者那一边。

第六步：

发掘其中的乐趣。放松心情，把转化图当成一项游戏，你画的不是太空堡垒作战图，不会走错一步就宇宙爆炸，惧动力很重要，但太过严肃的话反而让我们不敢正视其变化。如果你有孩子的话，还可以动员他们制作自己的转化图，把成长变成一项家庭游戏。

第七步：

你还可以做几个不同领域的进程表。例如工作、人际关系、环境、健康以及其他一系列事务。每个人想要获得惧动力的领域都不相同，就拿我来说，虽然现今我在职业领域算是个强者，但在体育锻炼上却还是只菜鸟。

还有一点请注意，当移动图上的位置时，要以直觉为准，用直觉感知自己在获取惧动力的过程中走了多远。别人或许也会对你有所评价，但没人可以替代你自己的感觉，有时旁人还没看出你的变化，你的内心却已经在成长了。你的内在感觉，才是转化图发生变化的依据。

以上这些步骤，多少会让人觉得有些复杂，然而当你真正行动起来，就会发现，由弱到强的转化会让人上瘾。你拿下了事业领域，就会忍不住去挑战一下体育领域，你觉得自己不害怕做菜了，就会想去尝试一下开车。我们都希望自己变得更好，而这样的视角转换，也确实能让我们变好，唯有认知的改变，才会获得到真实的力量，让自己不断强大。

建立"弱者—强者转换词汇表"

为了更好地完成从弱者到强者的转换，还应该建立一个"弱者—强者转换词汇表"（见下页图），这个词汇表将发挥出巨大的心理暗示作用。没有人能不受暗示的启发，不同词汇能调动人们内心不同的力量，一些词汇具有毁灭性，会让人陷入心理瘫痪，而另一些则能够给人以坚定的信念。

"我不能"意味着你是被动的，没办法选择自己的生活，丧失了选择能力；而"我不想"则暗示这是主动选择的结果，是一种有力量的表现。

从现在起，把"我不能"从你的词汇表中踢出。当你向潜意识传递"我不能"的信息时，你的潜意识会当真，并在它的程序里输入这样的信号："我很弱……真的很弱。"潜意识只接受并相信我们自己对自己的评价，并不负责判断真假。有时你说"我不能"时可能只为单纯地拒绝一个邀请，比如"我今晚不能与你们去吃饭了，我还要准备明天的会议"，但你潜意识接收到的信号却依然是"我很弱"！事实上，"我不能去吃饭了"也并不是事实，真实的情况是"我可以去吃饭，但是我选择另一件更要紧的事情"。遗憾的是，潜意识并不能辨别这其中的区别，只会不加分辨地记录为"弱"。

弱者—强者转换词汇表

弱者 ➤➤➤➤➤➤➤➤	强者
我不能	我不想
我应该	我可以
这不是我的错	我会为此负责
这是个麻烦	这是个机遇
我从不满足	我想要学习、成长
生活就是挣扎	生活是一场探险
我希望	我知道
要是……就好了	下次会注意
我该怎么办	我知道我能应对
糟透了	这是个可以让我增长见识的经历

如果你想更婉转地表达拒绝，可以避开"我不能"这种表达方法，改用**"我不想"**。比如说"我很想去，但是明天有一个对我很重要的会议，准备充分才会让我更有底气，所以今晚的宴会我

就不去了，希望您下次还能邀请我。"这样既陈述了事实，又不失诚实，还能显得有主见。潜意识清楚地收到了你的指示后，就会输出有利于成长的内容，不会因为一次晚宴，而让你误以为自己是个受害者。

"我应该"是另一个弱者短语。我认为，"我应该"堪称是我们语言中最有害的词汇。当我们说"我应该"时，其实是在说"我没有别的选择，只能这样，因为其他的选择是不应该的，错误的"。相比起来，"我可以"则积极得多，这样的陈述也暗含了你有选择的能力，而不是被迫的无奈之举，比如"今天我可以去看望妈妈或者去看电影，但是我想选择去看望妈妈"。

"我应该"一词从表面来看，似乎是在承担责任、尽义务，但背后暗藏的推动力却是愧疚和自责，其潜意识的语言翻译过来就是："如果我不去做那件事情，就会感到愧疚，并开始自我谴责。"换言之，"我应该"没有释放内心的力量，而那些"应该"做的事情也不是自己想做的，只是为了满足别人，取悦别人，对于我们自己来说，则会有一种被剥夺感。不仅如此，在说"我应该"的同时，"我不应该"的事情也就被框定出来，给人一种强烈被约束、被评判的感觉。正因如此，当我们说"我应该"时，总会产生一种无可奈何、不得不做、被驱使的沮丧情绪——这是一种典型的消耗性情绪。当一个人说出"我应该"时，内心的力量也就随之减弱、消失。

"这不是我的错"，看起来是个很漂亮的借口，但同样会给人一种无助的感觉。无论生活中发生了什么，笨拙的承担都好过完美的推托，因为推脱责任表明你把自己看成了一个可怜兮兮的受害者，对于已发生的事情完全无能为力。"生病不是我的错""丢掉工作不是我的错""迟到不是我的错"，在不断推托中，你内心的力量会逐渐枯竭。如果你愿意承担起责任，就能看到自己有能力改变人生的现状。"我会为此负责"则能起到这样的暗示作用。就拿生病来说，你可以说"我可以为自己生病承担起责任，我可以想想怎么才能防止重蹈覆辙；我可以改变饮食习惯，可以调节压力，可以戒烟，可以保证足够的睡眠"等等。这样的表述，能让你从强者的视角看待问题，并意识到自己具有多么强大的力量，完全可以在恐惧中前行。

"这是个麻烦"是另外一个弱者用语，会给你带来沉重的心理负担，如果你常说这句话，你十有八九会眉头紧锁，整日生活在阴云密布中。而"这是个机遇"则能帮你打开成长的大门。如果你能在生活的阻碍中看到机遇，那便也能以一种更有益的方式走出困境，每次抓住机遇施展才能，都会让你变得更强大。

"我希望"是偏于弱者的词；"我知道"则有更多力量。比如——

我希望我能找到一份工作。

我知道我会找到一份工作。

这两句话给人的感觉完全不一样，前者让你忐忑不安，彻夜难眠，后者使你内心笃定，心态平和。

"要是……就好了"这句话已经让我们听到耳朵起茧，每次都能从中听到牢骚和抱怨，而"下次会注意"则暗示你从这次经历中学到了教训，并会在将来的生活中引以为戒。举个例子，"要是我没有对汤姆说那句话就好了"可以改成"我知道了汤姆对这个话题很敏感，下次我会注意"。

"我该怎么办？"这句话中虚弱和恐惧的意味十分强烈，但请相信，就像其他人一样，你身体里也蕴含着惊人的力量，只不过以前从未调用过。知道了这一点，当你再遇到挫折时，就可以坦然对自己说"我知道我能应对，没什么好担心的"，而不是"我被炒了！我该怎么办"。

人们在遭遇突如其来的烦心事时，常常会说"糟透了"。例如，"我钱包丢了，这还不算糟透了吗？"丢掉钱包有什么糟糕的？钱包没了的确有损失，但这还不至于糟透了。"我又重了两磅，这还不算糟透了吗？"重了两磅或许算不上好事，但也不至于糟透了。然而，我们习惯了如此看待生活中的事情，以至于潜意识也只是会这样记录："灾难……灾难……又一个灾难。"以后，请试着把"糟透了"换成"这是个可以让我增长见识的经历"。

当然，在面临一些人生大事——比如罹患癌症时，人们会不由自主说出"糟透了"，这种情况的确相当糟糕，然而，这样的态度却会削弱你处理当前问题的能力。很多人都是从罹患癌症的经历中收获了重要的感悟，我就是其中之一。

患癌的经历让我对自己、对身边的人都有了崭新而美好的认识。最重要的是，我明白了身边人是多么的爱我。我见到了现任丈夫柔情的一面，这是我之前从未见到过的。经历了这件事情，我们的感情愈加深厚，不再把对方的存在和付出当作理所当然，学会了彼此珍惜。同时，我自己在很多方面也都发生了改变，不仅能够合理安排饮食，也能很好地调节情绪。在患癌症之前，一旦遇上不顺心的事，我必然牢骚满腹，怨天怨地，而这次患病的经历，让我懂得了如何消除内心的愤怒、怨气和压力。

另外，患癌经历也让我和丈夫认识到生命有限，应该去做一些能给更多人提供帮助的事情。我写下了自己罹患乳腺癌的经历，并和丈夫一起参加电视访谈，由此给很多患者带来力量和信心。正如你所见，罹患癌症这种算得上"糟透了"的事，也可以成为一个学习的过程，和一次拓展自我的机会。

说到这里，你也许已经开始删除你词汇表里的弱者词汇了。虽然这些词汇语义上的差异看似微乎其微，但是传达出的力量完全不同。经常使用一些有力量的词汇，不仅能改变我们的自我感觉，也能切实改变生活处境，以及与世界的关系。我们使用的词汇越铿锵有力，就越能凝聚出强大的个人力量，让自己不断散发独特的魅力和气场，人们会给予更多的喜爱和尊敬；而那些习惯了弱者词汇的人，则很难得到这样的礼遇。

设限的安全舒适区，不设限的边界

我们中的大部分人，都习惯于在一个安全舒适的空间内生活，一旦置身于这个空间之外，哪怕是再细微的事情，也会感到紧张和不适。例如，我们可能会花 75 美元去买一双鞋子，但如果鞋子价格超过预期，到了 100 美元，我们便感到不适应；在办公室里，我们可能愿意与平级的同事交往，但和上级相处就会忐忑不安；我们可能会一个人去街边的餐馆吃饭，但如果只身前往一家豪华餐厅用餐，就会感到浑身不自在；我们可能敢于向老板要求 5000 美元的加薪，但如果是 7000 美元就会不敢开口。

每个人的安全舒适区都不一样，不论我们察觉与否，所有人不论贫富，不论阶层，不论性别，做决定时都会受到安全舒适区的限制。

如何才能实现突破呢？难道必须要经历跳槽、求学、离婚这样的大事件，我们才算是获得了惧动力吗？我的建议是，无须一上来就做出惊天动地的大决定，而是可以从每天的小事入手，不断拓宽这个区域的边界。比如平日不敢给某个人打电话，现在则可以鼓起勇气给他打一个电话，再比如过去我们一直买一个风格的衣服，现在不妨尝试另一种类型的，诸如此类的事情都可以。每天试着冒个险——不论大小，只要尝试了，就能提升惧动力，获得成长。即使结果没有预想的好，但是因为切身努力过了，带来的收获也远胜于原地徘徊。

现在来看看，当我们开始运用惧动力，一天天拓展自己的安全舒适区时，会发生什么：

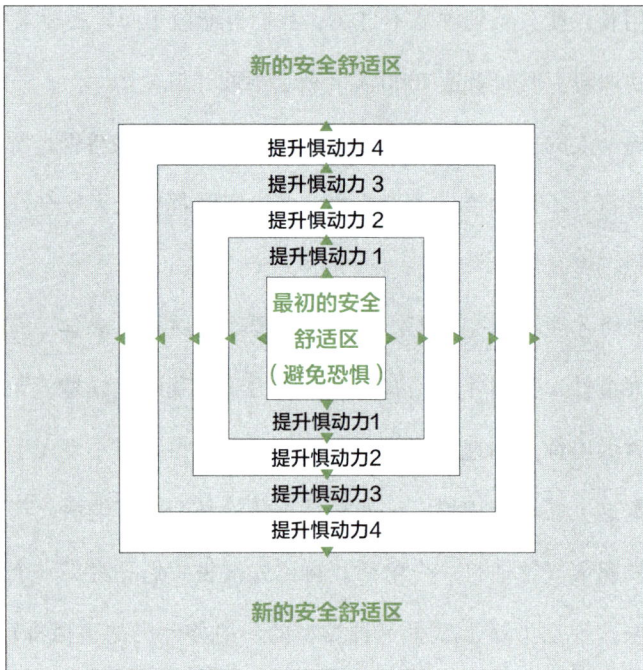

正如上图所示，每一次冒险，都能提升惧动力，让我们跳出现有的安全舒适区，不断扩大生活的边界。当我们体验到的世界越来越广袤时，自我也会越来越强大。而惧动力的不断增长，会让我们在拓展安全舒适区时驾轻就熟，即便是陌生的、更巨大的恐惧也难以形成阻碍。虽然每个人扩展的节奏各不相同，对于难度的选择也自有安排，但只要我们确实愿意提升惧动力，并且确实多有行动，那么再微小的进步，也是在帮自己朝着强者的方向移动。

　　如何一点点扩展安全舒适区，不能靠一时兴起。每晚临睡前，务必计划好第二天的冒险计划。闭上眼睛，在脑海里"预演"一遍，步骤尽可能要具体。第二天具体实施时，如果出现了犹豫，也请记录下犹豫的具体步骤或细节，在之后的计划中以此为根据，针对自己的特点制订计划。记住，向舒适区外拓展得越多，我们的内心就越强大，惧动力也越强。

　　还有一点必须叮嘱：我所说的冒险，并不包括诸如飙车、吸毒之类的危险行为，也不包括侵犯他人权利的行为，比如横刀夺爱或者抢劫银行。这些做法并不勇敢，反而十分愚蠢，会让人完全跌回到弱者的一侧。如果一个行为无法给你能量，那么必然是因为它缺乏正直和爱的内核，而没有正直与爱的行为，既无法体现出一个人的价值，也无益于惧动力的获取。

　　请尝试那些能够增加自我价值感的冒险，只有这种冒险，才可以提升我们的惧动力，让我们在恐惧中不断成长、成长、再成长！

　　我们每个人，自身都蕴藏着超乎想象的力量。当我们从弱者走向强者的时候，无须从外界获取力量，只要开发出自己已有的力量，就足以创造出精彩的生活。然而，我们却经常意识不到这份力量的存在，书中包含的大量训练，目的就是让我们感知自己的力量源泉，并且走向它、获取它、运用它。

你是否愿意去进行这些练习，标志着你是否激活拥有这份能量。我知道，即便到了现在，你也仍有可能不愿去做。不必苛责自己，但请一定记得：你具备这份力量，它在等待着你。

这是上天赋予你的力量，是属于你自己的内在财富。如果有一天你感到无助、沮丧，或陷入了心理瘫痪，无法动弹，请将其视为启动这份力量的重要信号，这些感受预示着有些事偏离了轨道，而你需要将其及时恢复正轨。

你可以成为更强大的自己，因为，你本就配得上更好的生活。

chapter 04

如 何 跳 出
"受害者心理"

命运不是从外面降临到我们身上，
而是需要从自身走出去。
我们无法控制生活中会发生什么，遭遇什么，
却可以控制对事情的感受和反应。
跳出"受害者心理"陷阱，
关键是要为自己的生活负起责任。

"我是世界上最可怜的人。"

在很多时刻，我们心中都会冒出这句话。

我们觉得自己真是太倒霉了，无论走到哪儿，都会遇上欺负自己的人。工作不顺，是因为老板刁钻，同事奸诈；家里一团糟，是因为父母偏心，兄弟姐妹冷漠；感情失意，是因为对方不懂珍惜，嫌贫爱富；就连在超市里和人吵了一架，也是因为对方没事找事。

总之，自己遭遇的所有不幸，都是别人害的，自己只是被绑在肉案上的羔羊，可怜又无辜。

这就是典型的受害者心理，我对它十分熟悉，因为我也曾是其中的一员。人一旦有了受害者心理，就等于亲手把自己关进了监狱，却还固执地以为命运纯粹是外部施加而来的，看不透命运的本质是由内而外，是自己内心的一种投射。

在受害者心理的作用下，人很容易变得愤懑不平，自怨自艾，将一切责任都推到别人身上。然而，在推卸责任的同时，也等于将事情的掌控权交到了别人手上。因此，具有受害者心理的人不愿也不能获得自我成长。

养活自己不等于对生活负责

具有受害者心理的人，无法主宰自己的命运，也无法为生活负起责任。你或许会不以为然地耸耸肩："不，你说的一定不是我，我一直是靠自己养活的。"

这便是我们对受害者心理的一大误解。在很多成年人眼中，只要找份工作赚钱糊口，能不依靠他人独立地活下去，就算是担负起责任了。当然，经济独立是很重要，但仅仅这样是不够的，我们还必须"对生活负责"。"对生活负责"并非只是肤浅地自给自足，即使是一些早就实现了财务自由的"成功人士"，很可能也正被受害者心理画地为牢。

爱德华是名副其实的高管，拿着让人羡慕的年薪，在公司里掌握生杀大权，但多年来，他一直处于高度的焦虑状态，感觉生活得并不幸福。我曾建议他去找心理医生，他却坚信自己没有任何问题，错都在别人身上。"如果我身边的人都能做些改变，就没这些麻烦事了。"在他看来，如果妻子给他足够的爱，上司能不安排那么多工作，儿子不再叛逆嗑药，他的生活必然重回美好。因此他说："应该去看心理医生的不是我，因为这一切并不是我的错！"

爱德华做到"对生活负责"了吗？显然没有。

玛拉同样是旁人眼中的佼佼者。她的工作体面又高薪，房子高档又漂亮，朋友们都很喜爱她，而且追求者众多。但即使过着云端上的生活，玛拉还是抹不平心中的怨恨。她恨她的前夫："这个不负责任的男人，不仅不支付儿子的抚养费，还从来不懂尊重我，我的前半生全都被这个无赖毁了。"她也埋怨自己的儿子："我如此辛苦地抚养他，他却不听我的管教，还回头指责我自私，我的后半生要是不幸，全是拜他所赐。"

玛拉做到"对生活负责"了吗？显然也没有。

我认识很多类似的人，他们无论状况如何，都停止不了抱怨。抱怨前任，抱怨现任，抱怨老板，抱怨下属，抱怨父母，抱怨子女，抱怨婚姻，也抱怨单身，总之从未有过满意的时刻。显然，他们也没做到"对生活负责"。

一个人无论婚姻、经济、健康状况如何，只要还在不遗余力地在把错误归咎于别人，就证明他正被"受害者心理"所控制。当一个人放弃了自我改变，也就放弃了成为强者，不由自主朝着弱者的方向靠近，一旦面临恐惧，他完全无法将恐惧化为动力，只会不知所措地陷入心理瘫痪。

怎么判断自己是否具有"受害者心理"？一个鲜明的标志就是：你会不会经常感觉生活不符合自己的期待。

如果你一直讨厌自己的工作，如果你从来不满意当下的感情状态，如果你觉得家人天天都惹你生气……简单说，只要你长期觉得愤懑，却又从未自己真去改变过什么，你就是在扮演受害者角色。一个拥有惧动力的人，也会感到气愤或悲伤，但他们会主动寻求改变，不会任由这种状态成为常态。在受害者心理下，人的力量会被抽干，所有痛苦与不满无法被及时带走，于是停滞并凝结在了心中。

生活是面镜子，它从不主动袒露真相，但也从不隐瞒。我们所抱怨的生活，实际上就是我们内心的投射。明明是我们自己选择了继续无聊的工作，自己选择了保持单身或困在一段疲惫的感情中，自己选择了忍受糟糕的家庭模式……所有看似无解的局面，最大的症结就是我们自己。

我们有能力主动选择生活，最终，却被动地被生活选择。之所以要把责任推到别人身上，是因为当一个人将自己视为对手的时候，也会是最痛苦的时候，我们难以承受这样的痛苦，所以匆忙找个可供怪罪的替身。

然而，如果我们肯换个角度，会发现这种痛苦不失为一种幸运。它提醒了我们自己正在失去什么，又该去挽留和追回什么。既然我们可以放弃生活的掌控权，同理，也能重新让方向盘回到自己手中。

怎样才算"对生活负责"？

有个概念必须澄清，"对自己的生活负责"，并不是"对自己的生活经历负责"，而是"为自己的感受和反应负责"，因为我们是无法控制生活中会发生什么、遭遇什么的，但是，却可以控制自己对事情的感受和反应。这就是"对生活负责"。

请记住，任何逃避责任的行为，都会把自己置于弱者的位置，削弱我们的惧动力。

"对生活负责"具体说来，包含以下七个方面：

1. 负起责任，意味着永远不要因为你当下的处境，而去责备别人。对于"永远"两个字，你或许感到诧异，似乎这剥夺了你表达情绪的权力。我们不妨换个说法，你可能就能明白所有对于别人的责备，其实指向的都是自己。

以下这些情形，是发生在我学员身上的真实案例，上面的是他们的抱怨，而下面的则是他们在走向强者之前，面对自己内心发出的最真实的叩问。

梅德琳："我这 25 年的生活如此悲惨，全都怪我丈夫！"

问题："你为什么选择留在他身边？你为什么不去留意他的优点，而一门心思寻找他的错处呢？为什么你总是怒气冲冲，以至于你们之间无法进行坦诚的交流？"

大卫："都是我儿子的错，因为担心他，我头发都白了。"

问题："你为什么不相信他会自己找到出路？为什么认为他一定需要你的拯救？为什么你要把希望寄托在孩子身上？为什么你不愿放手让他做自己？"

托尼："都怪就业形势不景气，我只能继续忍受这份破工作。"

问题："难道你看不到，就算就业形势不景气，依然有人能找到理想的工作？为什么不能从现在的工作中挖掘出价值？为什么不能直接把你的诉求告诉你的老板和同事？为什么不去尝试换一份新工作？"

艾丽斯："肯定是孩子拖累了我，我才在工作中止步不前。"

问题："为什么别人有孩子，也照样能在工作中取得成就？既然要工作，那为什么不让丈夫帮忙照料孩子？为什么不学习一些技能，以便找一份自己真正喜欢的工作？"

如果你从以上故事中看到了自己的影子，并且被后面的问题戳到了痛点，那就太好了，因为这些正是你需要解决的问题。请着力解决这些问题，而不要纠结于为何人人都和自己过不去——因为这纯粹是你的错觉。改掉遇事责备别人的习惯，也就杜绝了把主动权交到别人手里。

2. **负起责任，不代表责备自己**。遇事不责怪别人，但并不等于要事事自责，认定一切都是自己的错。这听起来和上面说的有点矛盾，其实却是一回事，因为自责同样是在抱怨，我们只是换了个抱怨的对象，而非在解决问题。**自责会剥夺一个人的力量，让人陷入另一重"受害者心理"，即感觉自己是世界上最无用的人，继而自暴自弃，惩罚自己。**

对有的人来说，让他不自责，比让他不去责备别人更难。他

Feel the Fear...and Do It Anyway
惧动力：拓展自我的根本力量

习惯事事怪罪自己，但又只会简单地处理内心的自责。一旦明白了不快乐的源泉竟然是自己，他可能会以最严苛的态度去面对，甚至仇视自己："我真是没用，又把生活搞得一团糟，我想我是没救了！"一个只会指责自己的人绝非勇敢，而是缺乏惧动力的另一种表现，他们无法正视自己，也无法客观地评价自己。

无论是指责别人，还是指责自己，都没有为自己的生活承担责任，也都同样掉入了受害者心理陷阱。在想要责怪自己前，请努力回忆我们教给你的要点：无论你当时做错了什么，你都可以选择看待错误的角度。你尽可以从"错误"中吸收有价值的东西，把痛苦与懊悔转化为力量，如果一味自责，为过去的事情停在原地，也就把自己放在了受害者的位置。

"错误"是学习的一部分，它带给你痛苦，也可以让你一步步强大起来。但这需要时间，请给自己多点耐心，不要自我打压。的确，你是犯了错，但大可不必因为这些错误不肯放过自己，每个人由弱变强的路，都注定要经历尝试、犯错和不断修正。

3. **负起责任，首先要意识到自己在什么地方、什么时候掉入的受害者心理，以便最终能够改变这种状态。**我花了好几年时间才意识到，我在两性关系中没有承担起责任，时至今日，我依然记得在那些漫漫长夜中，我是如何向闺蜜们大倒苦水，抱怨男人们不断搞砸了我的生活。

这些"浑蛋们"（我曾这样叫他们）想方设法夺走我的快乐：其中一个约会从来没有准时过，一个吝啬到了极点，一个穷困潦倒需要靠我救济，还有一个爱高尔夫胜过爱生命，当然，我的前夫最为极品，他一无是处，还死活不肯和我离婚。他们让我心中怒意翻滚，我无数次在和闺蜜的电话中说道："你想象不到，他竟然……"接下来，我的闺蜜们也会告诉我，她们遇到了怎样奇葩的男人。

我们总是齐心协力地埋怨着男人，现在想来，那时的我们其实都把自己当成了受害者。我们认为自己永远站在正确的一方，别人则都错得离谱，我们抱怨男人不能让我们幸福，却也不想自己创造幸福，渐渐地，我们连创造幸福的能力都遗失了。

可也是在那段日子里，我却颇为自己的"独立"而自傲。我靠自己过上了富裕的日子，我的公寓宽敞明亮，我实现了财务自由，我认为自己无时无刻不在"对生活负责"。

直到后来我才醒悟，当我将不快乐的原因归结到男人身上时，恰恰证明我并未对生活负起责任，世上只有一个人能使我快乐——那个人就是我自己。讽刺的是，当我平生第一次停止了对男人的指责后，我才得以拥有了一段健康美好的婚姻。

现在，每当我感到自己要生丈夫马克的气时，我就会问自己："我是不是在推脱责任？我是不是太过依赖他，所以才责怪他为我做得不够多？"在很多次自问自答后，我找到了问题的根源：每一次我的抱怨，其根源要么是我过分追求安全感，要么是缺乏足够的社交，要么是奢望伴侣完美无缺，任何时候都能替我遮风挡雨。

神奇的是，每当我看清内心的想法，我的感受和情绪也都会很快放松下来。换句话说，当我认识到愤懑的根源在于自己的"不作为"、而非他人的过失后，我对丈夫的怒气一下就烟消云散了。

我的女儿莱丝莉曾来向我取经："妈妈，如何才能有和你一样美好的婚姻？"我回答她："当我不再奢望马克为我打点好一切后，我才发现他竟然那么好！"

当然，婚姻是一种互相扶持的关系，当"对生活负责"遇上婚姻，并不代表我们事事都要自己来。我们身处婚姻中，便意味着我们要互相照料，互相安慰，互相帮助，如果你冷静思考，发现你确实没有从伴侣那里得到过照顾和爱，我建议你感觉迈开大步离开他，离开一段不对等的关系，也是"对生活负责"的表现。

然而，这一切的基础，都是我们并没有被"受害者心理"蛊惑，否则即使换再多的伴侣，我们依然会像个贪婪的无底洞，对方做再多的事，我们都不会满足。

很多人分手多年后，依然对前任无比愤怒，这其实也是没有"对生活负责"的表现。要知道，过去是你选择了他，曲终人散或许非你所愿，但也未必是他的错，你们都已经尽力了。只有当你不再怨恨前任的时候，你才真正为自己的生活负起了责任。

无论对方与我们是情侣、是朋友、是同事，还是家人，只要我们出现了以下迹象，就说明自己尚未完全做到"对生活负责"：

愤怒	不耐烦
沮丧	郁郁寡欢
责怪别人	倦怠
痛苦	试图控制别人
不能集中精力	急不可耐
自怨自艾	沉溺
嫉妒	主观臆断
无助	失望
情绪不稳定	猜疑

这份清单并不能囊括所有迹象，但已足以让我们明白其中主旨。一旦察觉到自己有了以上情绪，我们就要仔细思考自己哪里没有做好，才会导致负面情绪滋生。然后，你会惊讶地发现自己如此轻易就找到了问题源头。

4. **负起责任，意味着不再纠结**。一个缺乏惧动力的人，内心会长久回荡着一种声音，这声音细弱、无力，却绵延不绝，足以消磨掉人们的意志，这就是**纠结之声**。也许你正想告诉我，你的心中不存在纠结的噪音，但听不到不代表不存在，事实上，我们经常会忽视自己的纠结之声，我曾经就是这样的人。

第一次意识到自己的纠结时，我无比震惊，既想不通自己怎么会纠结，又诧异于自己这么晚才发现。为什么我们常察觉不到内心的纠结？因为我们对这声音太习惯了。比如下面的这段独白：

如果我打电话给他，他可能会觉得我太主动；如果不打，他可能又会觉得我冷落他了。要是我打给他没人接，我肯定会胡思乱想，猜测他正和别的女人约会，这会毁了我整个夜晚的。但不打的话，也不代表他就一个人在家。今晚我该出去和朋友聚会吗？万一他打电话我没看到，多半会觉得我故意隐瞒了他什么，但如果事先告诉他我要出门，他会不会认为我太在意他？说起来，他为什么不给我打电话？会不会是因为午饭遇到他时我太冷淡了？还是因为他听说我之前曾和别人出去玩？他凭什么就让我整天坐在家里等他的电话？下次见到他，我一定要问问他为什么不打电话给我，我们这周本该去看电影的，可他似乎都不记得了。我一定要问得他无言应对，这不是让他难堪，只是想让他了解我的感受。

或者像这样：

我真的很生气！老板今早居然没让我一起出席会议，他一点儿都不知道感激我为他做的一切。全心投入工作一点都不值得，回报和付出根本不相称。其他人整天对工作吊儿郎当，都有资格去参加会议，也许我真应该试试游手好闲，看看他会不会喜欢，对了，我还要让他知道我以后一定会跳槽的。唉，要是之前我拿下硕士学位就好了，现在机遇肯定会多得多，我年纪不小了，没人会愿意雇用已过不惑之年的员工。如果我生在富贵之家，说不定现在就能和有权势的人交际。无论怎么说，今天的事情真的太打击我的自尊了，简直不敢相信他们竟然把我排除在外。他们以为自己是谁？这种事凭什么总发生在我身上？

听听这些纠结之声，各种密不透风的念头简直让人窒息，但却又那么真实、那么熟悉，和我们曾经的经历如出一辙。怪不得那么多的人害怕独处，总要用各种方法转移注意力，因为胡思乱想真的会"让人错乱"。但逃避无法解决问题，我们既然都躲不开纠结之声的骚扰，就必须学着摆脱它的影响。

惧动力需要和恐惧同行，然而这并不意味着我们也必须与纠结之声同存，我们大可以将其转换成一些积极的想法：

我这么风趣，对人也愿意付出真心，如果不喜欢我，那是他的损失。我今晚要去和朋友聚会，那能让我开心，如果他给我打电话，我会很高兴，如果他没打，或者我没接到，明天我再打给他也没有什么，如果他真的对我有意，不会因为这点事就改变想法。

老板不让我参加会议，也许是他忘了，我可以去提醒他一下，这次会议我是多么适合的人选。至于其他同事，他们游手好闲是他们的事，我可不想成为这样的人，因为以后我也许会去更好的公司，获得更好的机会。我应该去学点什么，我现在只有 30 多岁，总比 40 多岁再去学要好，虽然我没出生在富贵之家，但也许我能创造出一个富贵之家。

5.负起责任，意味着弄清自己停滞不前的主要原因。一旦看清楚这些原因，就能明白为什么很多东西心中厌恶，却又难以割舍。让我们看看这些人是怎么做的：

★★★

简对现在的工作颇有怨言，很想跳槽。但"受害者心理"作祟，让她总想"再等等"："要是就业形势再好一点，我就不会有这个烦恼了。""要是好好学一门技能，我就能有更多的择业机会了。"

简迟迟不能采取行动，就是因为她认可了自己的受害者角色。在潜意识中，她认为自己已经是个受害者，就只能心安理得地待在这里，不必去面对找工作的麻烦，并承受被拒绝的尴尬和痛苦了。尽管她憎恨目前的工作，却可以省略找工作的烦恼。同时，她也知道自己能够轻松应对现在的这份工作，她没有危机感，也不需要去发掘自身的潜力。

现实中，简至少拥有三种选择：一、继续原地踏步、自怨自艾；二、选择保持现状，但喜欢上这份工作；三、打破现状，找一份更满意的工作。

最终，简终于意识到了自己的真实状况，她明白"受害者心理"仅仅是一个停留在过去的借口，她完全有选择的权利和自由。弄清楚这一切之后，她毅然选择承受恐惧，打破现状，找到了一份新工作，而她的生活也因此大为改观。

★★★

凯文和妻子分居快五年了，尽管找到了新的伴侣，对方希望他尽快离婚，但他还是没办法对妻子说出口。脑海里有个声音告诉他：如果离婚，妻子会恨死他的，可能还会自杀，自己和孩子们会形同陌路，自己的父母也不会赞同。可怜的凯文，他潜意识里已经坚信了这一切，并因此感到无助。

在治疗师的帮助下，他很快意识到自己的问题在于害怕放手。凯文对妻子已经没有感情了，但他潜意识里依旧把她当成"心理上的家"，害怕切断联系，最终让自己身处困境。

当真相大白，凯文立刻结束了进退维谷的状态，果断提出离婚。当然，前妻并没有恨他，更也没有自杀，孩子们还爱着他，父母也没有反对。而最关键的是，他离婚后没有充满负罪感，唯独对自己竟然拖了这么久才离婚感到奇怪。

★★★

塔尼娅是个典型的"受害者"，她总是生病，这让她的很多计划不得不一次次告吹。长此以往，塔尼娅真的认为自己注定是个病快快的可怜虫，靠自己什么都做不到，以至于在课堂上，当我让学员们列出自己停滞不前的原因，塔尼娅却怎么都找不出来，最后只能求助于同学们的帮助。

同学们指出，塔尼娅的病让她获得了周围人的关注，并且还让她免去了面对外界挑战的风险。塔尼娅最初矢口否认，但是最终还是承认大家说的确实有几分道理。

在意识中，塔尼娅可能不知道或者不承认生病可以得到什么好处，但潜意识是诚实的。从孩童时期起，生病就是她获取关注的方法之一。

再后来，塔尼娅对生病的认识加深了，意识到她的病是她自己"制造"出来的。终于，她做出了改变。

首先，她改变饮食结构，并加入一个健康俱乐部。其次，她还跟着我的课程做出改变认知的练习。最后，也是最重要的，她让身边重要的人帮助给出以下反馈——身体健康时就奖励她，生病时就不要搭理她。

Feel the Fear...and Do It Anyway

惧动力：拓展自我的根本力量

不难看出，当塔尼娅完全弄清楚自己生病的深层原因后，她意识到自己有两种选择：一是为博取关注继续生病；二是找到更好的方式和身边的人相处，并达成生活目标。

是做个生活的受害者，还是受益者？她选择了后者，随后疾病不治而愈，结束了病快快的形象。

那些被隐藏起来的深层原因，对我们生活有着超乎想象的影响力。当当我们意识到它们的存在时，其实也就离发现它们真面目不再遥远。我可以提供一些简便的方法，比如坐下来，拿纸笔罗列出来各种可能，或者向朋友们求助，避免当事者迷。因此，如果我们发现朋友比自己看得更清楚的话，千万不要惊讶。

6. 负起责任，意味着认清自己想要什么，并且行动起来。

我们不仅要设定目标，还要走出去，真正行动起来。

假如我们想改变家里的环境，那就弄清楚自己喜欢什么样的风格，然后一样样布置起来；假如我们想多认识些朋友，那就拿起电话，策划一个聚会；假如我们想让自己更健康、更精神百倍，那就定期体检，并且想象还能为自己做些什么。

现实中，很多人毫无塑造自己生活的想法，总是被动接受既定的事实，却又忍不住抱怨。还有些人总是在等待——等待完美伴侣到来，等待理想的工作到来，等待志同道合的朋友到来，但这些完全是可以靠自己创造出来的。

所以，我们不仅要认清自己的想法，还要具备很强的执行力，将想法变成行动。

7. 负起责任，意味着在任何条件下，都能意识到自己有多种选择。

我的一个学员这么对我说：

闹钟响起后，我有一个半小时的独处时间，我意识到这一天怎样开始完全取决于我自己。是拉开窗帘迎接清晨的阳光，还是在黑暗中摸索，这取决于我；是赖在床上抱怨说"天哪，今天真不想起床上班，昨天就该交的报告我今天还没有完成"，还是在起床前给自己打打气，期待美好的一天，这取决于我；是打开音乐，在家里跳舞，还是看充满凶杀和灾难的新闻，这取决于我；是担心自己的身体走形，还是告诉自己要积极塑造形体，这取决于我。总之，这一天怎么过，完全取决于我自己！

这段话真的让人振奋，每一天，你都要意识到，是你自己决定了你每一刻的认知和感受。因此一旦面临困境，你完全可以告诉自己："我是有选择的。"既然主动权完全在你自己的手中，请选择那个最富有活力、最有利于成长的做法吧。这么说或许有些抽象，下面我就给出一些具体的例子与建议：

　　朋友突然决定不和你一起旅行，但你早就制定出了两人的出游计划。你可以选择很生气，但也可以选择去理解他，相信朋友这么做一定是有原因的，你更可以约其他人一起去，或者索性独自上路玩个尽兴。

　　丈夫成了酒鬼，你可以选择整天责骂他，也可以选择去参加戒酒会，学着调整自己的生活。

　　流感让你错过了一场至关重要的会议，你可以绝望地认为这是你职业生涯的终结，也可以寻找其他让自己大放异彩的机会。

　　在你出行的那天，原本阳光灿烂的加州突然阴雨连绵，你可以埋怨自己运气太坏，也可以调整计划让自己的旅游依旧精彩。

跳出"受害者心理"陷阱的六个练习

到现在我们已经可以确信，生活的选择权就在自己手里。我们可以学着进一步拓展自己的能力，让自己在任何情境下都能处于有利地位。但请记住，这样做的目的并非是无底线地妥协，只是为了让自己对生活更满意。

要对自己的生活完全负责，需要漫长的过程和大量的练习。我至今每天仍然在努力"修炼"，并且总结出了跳出"受害者心理"陷阱的六个练习，这些练习将让我们获得珍贵的惧动力：

1. **列出你原地踏步的深层原因。** 好好想一想，我们的停滞能让自己不必面对什么，或者不必去做什么？自己从中能得到哪些慰藉？我们在尽力维持什么形象？回答时，请尽可能诚实地面对自己。只有当我们意识到自己在做什么时，才有可能从惯性行为中脱身，成为自己生活的掌控者。

2. **知道自己面对某一情境时的所有选择。** 心中感到压抑时，坐下来，写下所有你可能的应对方式和情绪体验。闭上眼，想象自己开心的感受、伤心的感受、暴怒的感受、幽默的感受、沉重的感受、轻松的感受，并练习在这些感受中转换。我们会慢慢看到，改变认知和改变心情并没有预想的那么难，总有一天，我们可以游刃有余地把选择的过程当成一场游戏。

记住，除了烦恼外，我们还有别的选择。

3. 注意和朋友聊天时的用词。请找出自己那些表示抱怨的词，比如："你能相信爱丽丝又迟到了吗？我们从没吵得这么凶过，还当着餐厅里那么多人的面！"如果你也经常这么表达，那就看自己能否换个视角来看待问题，比如说："当爱丽丝迟到的时候，我注意到自己变得非常生气。为什么我会这样呢？我觉得是因为她不尊重我的时间。另一方面，我心里一部分是喜欢看她迟到的，因为我总能找到可以抱怨的事情，这会带给我优越感。"

4. 思考自己有哪些选择，并把它们在本子上列出来。拿爱丽丝迟到的例子来说，我们能列出哪些选项呢？

我们可以不再见她，可以和她一样迟到，可以带本书读上一会儿，或者可以听一首歌甚至发一阵呆。如果见面必须是准时的，我们可以直接告诉她："你要是不能按时到达，我就不会再等了。"没必要因为她的迟到，把自己变成受害者，我们要明白，她的迟到根本就不能伤害到我们。

当我们因为烦躁而忍不住指责别人的时候，也是我们最容易掉入受害者心理的时候。我们自然无须纵容别人的行为，但也不必将其变成自己愤怒的源头。

根据我的经验，任何情况下，人们都能找到 30 种以上的方法转换视角、提升认知。不妨将这些方法列出来，最好能邀请个好友一起做，拥有一个"成长伙伴"能让你事半功倍。

5. 重新审视那些认为很"糟糕"的处境，看看自己从中获得了什么益处。举个例子，如果我们因为离婚一蹶不振，不妨看看自己在这段婚姻中的收获，以及离婚带来的正面影响，比如新朋友、新的理财方式、自由、更独立的生活态度、展开一段新感情的机会等。

6. 尝试坚持一周不指责或抱怨任何人、任何事。这是个很有难度的练习，因为，我们的抱怨和批评的次数远远超出我们的想象。而且，这样做还会影响自己的一些关系。

在某些情景下，"抱怨"充当着社交货币，当我们不再抱怨生活中遇到的人，也就可能和朋友失去了共同话题。大家无法再从抱怨和贬低别人中获得安慰，也就必须承担疏远的风险。但这对我们而言其实也是一件好事，我们可以发现除了抱怨外，还有很多更深刻的满足和快乐，也可以帮自己重新梳理人际关系，将那些不健康的关系排除在你的生活之外。

在这一章的最后，我还想附送给大家七种方法，这七种方法将有驱散"受害者心理"，让我们不断增强内心的惧动力。

发掘自身力量的七种方法

1. 不要把自己的坏情绪归咎于外部因素，只有我们能够控制自己的想法、感受和行动。
2. 避免在情形失控时责备自己。我们已经尽力做到最好了，此刻，我们正在重新凝聚自己的力量，并取得了成效。
3. 弄清楚自己何时何地会有受害者心理。一些线索会提示我们，自己并没有为当下的处境和行为承担责任，要留意这些线索。
4. 熟悉自己最大的敌人——脑海中的纠结之声。用本书中的练习步骤关掉这些声音。
5. 辨别那些使自己停滞的深层原因，继而打破它，走出困境。
6. 认清自己想要什么，并且付出行动。别妄想等谁来赐予我们生活，这样只会一无所获。
7. 无论遇到什么问题，务必清楚自己可以有很多选择——无论是行动上的，还是情绪上的。选择时，请选择对成长有益、让自己坦然也让别人舒心的选项。

Feel the Fear...and Do It Anyway

惧动力: 拓展自我的根本力量

chapter 05

低海拔认知与
高海拔认知

外在的生活不过是内心的投射。
认知高度变了，一切都会变。
当我们身处"低海拔认知"，
需要用"阳光事物清单"
与自我肯定不断暗示自己，
走出现有的视角。

不是命运决定认知，而是认知决定命运

在很大程度上，惧动力来源于我们的认知。

我曾在研讨小组里做过一个实验：我邀请一位学员来到讲台上，单手握拳，伸直胳膊。然后我告诉他，我要用力压下他的胳膊，而他则可以用力抵抗。结果，我尝试了好几次，但无论多么用力，也不能压下那只充满力量的手臂。

之后，我让他一边放松，一边不断重复："我是个软弱无用的人。"还特意嘱咐他，要全身心去感受这句话。他照做后，我们又重复了一遍之前的实验，这一次，我一下子就压下了他的手臂，臂膀中以前的充盈的力量，仿佛被那句话驱散了。

学员们惊讶不已，都表示难以置信，还有学员要求重新实验，并且亲自参与。但不管是谁，也不管尝试多少次，结果都一样——我几乎毫不费力就压下了对方的胳膊。

接下来，我让学员一边闭上眼，一边将另一句话重复十遍："我是个强大并且有价值的人。"同样建议他用全身心去感受这句话。再次实验时，我根本无法动摇他的胳膊，其力量似乎比之前

还要强大。

学员们目瞪口呆，但却认清了一个现实：认为自己软弱，胳膊就软弱；认为自己强大，胳膊就有力。

这就是认知带来的力量。

人们对自己的看法，会让自身产生不同的反应，从而带来不同的结果，更深一步，这将影响一个人的命运。正如梭罗所说："正是一个人怎么看待自己，决定了此人的命运，指向了他的归宿。"

让我们读一读下面这两个例子，看看不同的人在遇到相似情况时，是如何依靠认知走上了截然不同的道路的。

家庭主妇乔安和玛丽都不幸中年丧偶。乔安一蹶不振地认为自己被生活抛弃了，从此只能生活在痛苦的深渊。在这样的认知下，她整日悲伤哭泣，每次遇到朋友和熟人，便会哭诉自己的不幸，希望能从对方那里得到同情。久而久之，朋友们都感到厌烦，私下里说她是十足的怨妇，再也没有人愿意与她交往。这样一来，乔安又开始抱怨寡妇到哪里都受尽白眼，并且确信自己再也无法找到一个爱她的人。

由于亡夫遗产不多，乔安不得不出去挣钱。她参加过几次面试，但由于总是一副缺乏自信和热情的样子，全都没有被录取，最终，只能四处寻找救济，可朋友们却对她避之不及。

相比起来，玛丽则走上了另一条路。丈夫的离世同样让她难过，但她并没有放任自己沉溺其中，不久后，她就着手重启自己的生活。

丈夫也没有给玛丽留下多少遗产，但她却认为自己能够自食其力。虽然已经很多年没有踏入职场了，玛丽却利用当家庭主妇时在基金筹措方面的经验，在一家慈善机构找到了一份相关的工作。短短两年后，她就进入了管理层。玛丽依然会思念丈夫，但工作带来的从未有过的成就感，让玛丽深刻地认识到，自己是不会被轻易击倒的。因为玛丽的坚强和勇敢，她的朋友不仅没有远离她，而且都对她肃然起敬——谁会拒绝一个经历过痛苦，但依旧对生活保持热情的人呢？

不一样的自我认知，让玛丽彻底摆脱了受害者心理，获得了在困境中前行的力量。

乔安和玛丽的故事说明，在面对困境时，如果我们认定自己命运不幸，那就真的会一直遭遇不幸；相反，如果我们认为困难只是暂时的，自己完全能重振旗鼓，那就真的能找到办法解决难题。

我们每个人对生活都有相对固定的认知，或认为其光明灿烂，

Feel the Fear...and Do It Anyway
惧动力：拓展自我的根本力量

或认为其晦涩黑暗。生活到底是什么样？这问题没有正确答案，一切全都取决于自己的认知。换句话说，生活最终的样子，是由我们自己创造出来的，我们怎么看待自己经历的一切，生活就会呈现出什么样子。我们的现实世界，不过是内心认知的投射。

所以，要改变生活，先要改变自己的认知。

低海拔认知与高海拔认知

改变认知，并非像更换 PPT 里的图片那么简单，想让投射出的世界发生变化，需要内部先经历一场透彻的更新。

更新意味着变动，而变动难免让人感觉麻烦，并引发出各种揣测，这很容易引发我们心中本能的恐惧，让我们想要放弃更新。这样的反应，我将之称为"低海拔认知"。

之所以叫"低海拔认知"，有两个原因。一是这种认知源自人的本能，不需要经过训练和学习，稍经激发就可获得；二是这种认知会让人如同置身山谷，视野受限，看见的东西不够全面、客观和深入。"低海拔认知"的人，意识不到危险总是与机会并行，也发现不了恐惧中的礼物，更不认为痛苦也能给人带来教益。

而"高海拔认知"，则是走出山谷，从更广阔的视野看待自己和世界。在这种认知中，人既能看见生活中的黑暗，也能洞见光辉，既能得到困难，也能看清荆棘丛中的突围之路。"高海拔认知"可以让人获得惧动力，逐步攀升，不断改写着自己的高度与维度。

低海拔认知很容易营造出困顿感，从而导致"受害者心理"泛滥。同时，低海拔认知还会带来强烈的负面情绪，抽空人的力量，让人被恐惧控制，失去惧动力。尤其需要注意的是，因为低海拔的认知源自本能，根深蒂固，所以人们经常难以察觉，稍不注意就会掉落进去。

"高海拔认知"由于视野开阔，人不会轻易被"受害者心理"迷惑。因为离婚与癌症的双重打击，我曾很长时间都活在低海拔认知中，这种认知让我觉得自己是个被遗弃在深渊的怨妇，我孤独，我恐惧，整日在幽谷中发出哀鸣。后来，依靠认知的改变，我明白自己所遭遇的一切并非绝境，在"高海拔认知"的引导下，我逐渐萌生出了积极的想法，现实中的境遇也随之发生了改观。

但"高海拔认知"并非是牢固不变的，它不是源自我们的本能，而是需要经过后天的训练和学习才能获得，因此，只要稍不注意，就会出现松动，朝着"低海拔认知"滑动。多年前，我参加了一个名叫"内韧"的团体，成员中有很多我敬佩的人，其中不乏心理学领域里的畅销书作家。尽管很多成员早就对心理自助方法耳熟能详，但仍坚持每周聚在一起为彼此打气，以防退步。每一次聚会，都会有一位成员或者特邀嘉宾发表演讲，大家还常会做一些提升认知的练习，成员们无一例外地认同：高海拔认知不仅要勤加训练，还要经常与同类人在一起交流。

"高海拔认知"的非本能性与可变性，注定了不是所有人都能轻松拥有"高海拔认知"，也并非人人都能长久保持这种状态。而这或许会成为一些人心中的担忧，认为"高海拔认知"会耗费自己过多的精力。然而，我们每天沐浴、化妆、健身也会耗费很多时间，却并不会心生抵触，因为我们觉得这些事能让自己变得愉悦。"高海拔认知"会带来更大程度的愉悦，区别在于这愉悦并非立等可取，而且更需我们精心维护。

"阳光事物清单"与自我肯定

或许，现在你正陷入低海拔认知中，急切地想要扭转局面，却不知从何下手。

我先要郑重地恭喜你，能意识到自己的认识需要改变，已经是可喜的进展。而后，我建议你列出一个自己的"阳光事物清单"，比如：

童年时与爸爸妈妈在沙滩上玩耍的时刻；

悲伤时，朋友温暖的拥抱；

蓝天白云；

一片叶子落下时的姿态；

翻开一本书，不经意间，被一句话深深打动；

仰望满天繁星；

潺潺流水；

春天，看见莺飞草长；

躲在阁楼听雨声；

挨饿后，终于吃上喜欢的食物；

翻山越岭，终于登顶；

朋友聚会时的笑容；

那部让你流泪的电影；

异国他乡的夕阳；

以为自己病了，结果发现虚惊一场；

婴儿的笑脸；

……

清单上的事情，看起来都是微末小事，却是我们的精神养料。我们每次看到这张清单，浮现出的不仅是所描述的场景，更是这些场景关联出的积极心境。因此，这张清单可以在关键时刻起到治愈作用，防止我们向下沉沦。

如果说"阳光事物清单"是提醒我们生活之美，那么下面这种方法，便能让我们意识到"自己之美"。这种方法便是经常进行自我肯定。

自我肯定是最高形式的自我交流，也是提升认知最有效的方法之一。究竟什么是自我肯定？简单说，就是对自己遭遇的事情做出正面陈述，不包含任何抱怨、悔恨与焦虑，例如我们可以这么说：

我不紧张，因为无论发生什么，我都能搞定；

我昂首挺胸，勇敢地扛起自己的责任；

我知道我很重要；

所到之处，我都传播爱与温暖；

我能适时放手，相信一切都有更好的安排；

我能静静地等待生活绽放；

所有的经历中都藏着礼物；

我内心强大，充满爱意，拥有在恐惧中前行的力量；

我感恩我所拥有的一切；

……

以上只是一些入门表达，每个人都可以根据自己的情况，列出些更能戳中内心的句子。但在进行自我肯定时，以下几点都是必须注意的：

永远要用现在时陈述。

错误的陈述：我以后会克服恐惧的。

正确的陈述：我正在培养这样的认知——即使感到恐惧，也要努力前行。

尽量用正面的词语。

错误的陈述：我不会再贬低自己了。

正确的陈述：我每天都在变得更加自信。

选择一些确实能给自己带来力量的句子，而且注意补充与更新，因为当我们的处境与心情发生变化时，对语句的感受也会发生变化。

接下来，我将以一天为例，介绍我们如何获得高海拔认知：

1.早上醒来，打开手机播放器，选择一些触动内心的演讲或有声书。按下播放键，闭目静躺，沉浸在充满力量和爱意的氛围中。

2.穿衣服的时候，可以放点音乐，轻音乐、摇滚乐或古典乐都好，只要能让你的感觉愉快就可以。

3.照镜子是一个绝佳的时机。一边看着镜子中的你，一边重复至少十遍自我肯定的话。

4.晨练也是提升认知高度的时机。诸如"我能感觉到能量在身体里流动""我在创造精彩的一天"等，这样的自我肯定，能让你的锻炼更有效。

5.在上班的路上，可以听音乐，或一些自己喜欢的音频。

6.到办公室以后，用一个笑脸点亮一天。

7.在接下来的一整天中，一旦察觉到自己出现负面情绪，就用自我肯定话语来代替它。

8. 睡前也是很好的机会，可以选择一些有助身心舒畅的音频，伴随自己安稳入睡。

请记住，在这一天中，无论你犯了怎样的错，也不要对自己说出"你连这都做不好，我对你真失望"或者"你永远不可能变好了"之类的话，即使你真的要反省，也要用那些正面词语。

提升认知需要每天练习，即使到了今天，我每天仍要花时间避免自己走入"低海拔认知"。当然，我也会有想要懈怠的时候，每到这时我都会扪心自问："既然我因为这些事感觉良好，我为什么要就此放弃？"

在结束这一章前，我要特别嘱咐你一点："高海拔认知"能让我们看得更高、走得更远，但却不能当成压制痛苦的工具。痛苦是人类的一条重要基因，没人能将其剔除，正如我们无法否认世界上始终存在饥饿、种族歧视、战争、天灾、环保危机一样。

真正的高海拔认知，并不是体会不到痛苦，而是允许眼泪流淌，却也坚信一切都将过去。我们不可能心如铁石，但却可以在收到命运的各种"礼物"时，调动起内心的惧动力，以强者的姿态去面对。

chapter 06

上升的人，
都舍弃了一些关系

每当我们踏上成长之旅，
阻力就会像潮水般涌来，
各种关系拉扯着我们，希望我们保持现状。
请舍弃一些不必要的关系，
让自己轻盈前行。
请不要与喜欢抱怨的人在一起，
抱怨只能带来霉运。

为什么越是亲近的人，越会阻碍我们改变？

内心认知的提升，势必引发外部世界的改变，我们会变得能力大增，会更加游刃有余。但就在形势大好的时候，我们却总会感到有些不对劲。这种异样来自于身边的人，每当我们想要改变时，就会遭到亲人、朋友或伴侣的反对。他们似乎并不乐意看见我们变好，这到底是为什么？

答案是，当我们上升时，与我们相连的各种关系，也会被相应扯动，而关系另一头的人，自然会做出反应。人类对于改变的天然恐惧，本就已经让他们心生顾虑了，如果你的提升还会危及到他们的利益，他们更是会挥舞双手让你停下。比如，习惯了在家一切说了算的丈夫，会对妻子的上进心格外提防，认为那是夺权的预兆；多年的好友中有人突然进步神速，也会让其他人心中不是滋味，好像被狠狠抛下了。相比起来，那些与我们并不亲近的人，就不会有这样的感受，我们在他们的世界中并不重要，所以我们是上升还是下降，也不会牵动他们的神经。

正因如此，很多人在自我提升过程中，会发现亲友团转眼变成了最大的反对者，自己不仅要学会和恐惧同行，还要腾出手去应付不稳定的亲密关系。

那么，对于那些难以适应你成长的家庭成员和朋友，该如何处理和他们之间的关系呢？

想要得到答案，我们先要来问自己三个问题：①出现在我们生活中的那些人，他们是在支持我们的成长，还是在拖后腿？②好好回想一下，当我们和他们相处时，是感觉愉悦而积极，还是被负面情绪缠身？③当我们出现改变时，他们是感到高兴，还是不悦地说出"你变了，我更喜欢以前的你"？

如果以上三个问题，我们的答案都是后者，那就是时候做些关系上的改变了。

记住下面这句话：

不要与喜欢抱怨的人在一起，他们会给你带来霉运；加入一个坚定勇敢、惧动力强、鼓舞人心的群体吧，它能赋予你不可思议的力量。

我们的目标，是从弱者走向强者，而不是一直和往事做伴。有时候，我们提升认识的一个重要标志，就是发现身边人还滞留在低海拔认知中。

我们或许会为他们的停滞感到痛惜，但我们也该为自己的上升感到高兴。当你看到了你们之间的差距，也就意味着你开始摆脱受害者心理，你拥有了他们未能具备的惧动力，正向着强者进发。

我们前面说过，"受害者心理"常常充当社交货币，因为大家都在抱怨——比如妻子们吐槽自己的丈夫，孩子们埋怨自己的父母——一起抱怨的人们，才能实现和平共处，亲密无间。而有一天，你忽然不想再做受害者了，你停止了抱怨，却也动摇了你和其他人的相处模式。

值得注意的是，你的上升不仅会引发对方不安，也会让你自己产生不适。"高海拔认知"会让我们的感觉变得敏感，当你再和人相处时，能迅速分辨他们的海拔是高是低。面对那些爱抱怨的人，你会对他们的怨声载道感到难过，认为这是在浪费时间，你会巴不得离开他们，然后和与自己同一频率的人交往。而当你遇到了"高海拔认知"的人，会不知不觉被其吸引，并想从他们身上学到些什么。

总之，当我们自己发生改变时，既会无意识地被同类人吸引，同时也会吸引同类人。这是人际关系上的"同性相吸"，有助于我们找到与自己同频的伙伴。

该不该舍弃老朋友？

"你说得都对，但是那些和我一起长大的朋友怎么办？"

每当在课堂上讨论舍弃的话题时，上面这个问题总会被提起，大家的眼神中闪动着不舍，甚至还有些愧疚，仿佛他们已经狠狠背叛了友谊。

我非常能理解这种感受，惧动力催促我们前进，但柔弱的往事又拽住了我们的衣角。我们犹豫，是因为我们重视情意，这无可厚非，然而，我们的担忧其实大可不必。

首先，我们假设成立的条件是：我们对于朋友而言非常重要，他们只有我们这么一个朋友，并且，会因为我们淡出他们的生活而痛苦不堪。这种设想其实有些自大，甚至可以说是对朋友的轻视。实际上，当我们慢慢退出朋友的圈子后，他为了寻求归属感，会迅速找到同样具有"受害者心理"的人，并由此获得安慰与安全。

其次，我们不能忽略这样一种可能：我们可以唤醒朋友，让他们和自己一起改变。这也是最理想的一种情况。

不过，有一点我们需要牢记，那就是即使有老友的陪伴，我们还是要不断提升并拓展圈层，多接触对自己而言属于"高海拔认知"的人。

这里所说的圈层，是能让自己感觉到价值的圈层。人在其中时，无论打算做什么，都会获得充分的鼓励与支持："这是个好想法，你能做好的，别担心！"正如玛丽琳·弗格森在她的《自由博爱新时代》中所写的："如果要越过一片充满危险的水域，最好是和那些建过桥梁、告别了绝望与惰性的人同行。"

你越是与"高海拔认知"的人接触，就越会发现一点：认知海拔越高的人，往往越平和，他们不会把自己看得很重要，所以，与他们相处通常很舒服，也很快乐。

我前面曾提到的"内韧"团体，其理念之一就是鼓励我们拥抱更宏大的事情。当我们关心比自己更宏大的事情时，当我们意识到自己是一个庞大整体的一部分时，我们就不容易感到孤独和恐惧，并且，会因为纵观全局，更能察觉自身的使命所在。

如何才能接近"高海拔认知"的人，并与之建立关系呢？

想一想你近期见过的人，其中哪些人让你感到受到了启发与提升，哪些人让你受益匪浅并相见恨晚，这些对你而言就是"高海拔认知"的人。

然后，你要在他们中间挑选出邀请的对象。务必选择那些在成长之路上比你领先几步的人，他们既能引领你，又与你并非云泥之别，可以进行顺畅地交流。而且，他们并非是你不能超越的人，当你有一天发现自己已经与他们比肩，甚至是超过他们的时候，你的信心必然会大增。我们确实经常过于低估自己，因此也需要不断让自己相信自己的实力。

选定人选之后，想办法找到他们的电话号码，不要害羞，直接打电话给他们。电话里，你可以说出心中的仰慕之情，并提出想进一步了解他们的愿望，最后，邀请他们一起吃饭，以此加深你们的关系。

我知道，这听起来有些太主动了，对于一些内向的人而言，实在是个大挑战。记得我第一次这么做的时候，慌乱得手指都在发抖，那时我还很敏感，生怕她会找借口推托。但让我吃惊的是，对方也很激动，她兴奋地问我："你说的是真的吗？"对于我的崇敬，她没有丝毫质疑，反而相当欣喜。之后，我们一起共进晚餐，畅快地交谈，时至今日我们仍是好友。

自那以后，我无数次这样走进了我心中的"高海拔认知"人群，而随着时间推移，开启一段友谊于我而言越来越容易。也正因此，我现在才有幸拥有了一群优秀睿智的朋友。

你也可以如此重塑自己的朋友圈，关键在于，你必须切实做出行动。尤其是在刚开始的时候，你更需要勇敢走出去，坐在家里等着电话的人，是不会有惊喜从天而降的。现在，你就可以放下书，去打几个电话，别害怕被拒绝，相信我，哪怕他们没有答应赴约，心中还是会因为你的关注而受宠若惊。哪怕 10 个人中只有一个答应了你，这于你而言也是可喜的突破，你终将从这种关系中获益。

伴侣，就是时常会绊住你的人

现在，你已经知道怎么找到合适的朋友，你还必须面临另一重难题：你的伴侣。

我们通常浪漫地以为，伴侣就是相伴，并且对于你的任何决定，对方都能给予无条件支持。然而现实是，对我们的成长最为抗拒的，往往就是我们的伴侣。

面对伴侣的阻碍，我们会震惊，会不解，也会失落和沮丧，我们想不通他们为什么要这么做，难道他们不希望自己的妻子或丈夫变得更加优秀？事实上，这是个普遍现象，我们的伴侣会认为，我们的"不安分"对他们的安全感是一种冲击。他们需要时间去认识和理解：我们的成长对他们来说是有益处的。

两性关系中，接受变化总是困难的，哪怕是从坏向好的变化。下面就是两个很典型的例子。

★★★

多莉丝是我最早的学员之一，她住在长岛的花园城，很多年来从未出门远行。实际上，因为她有广场恐惧症，在参加"惧动力培训课"之前的几年里，她都很少出家门。尽管我的教学是针对日常生活中的恐惧心理，和病理性的广场恐惧症关系并不大，但她还是来上了我的课。

为了把她带到这里来，她的丈夫泰德一路开车来到纽约，把她带到教室，又陪她下楼梯。没办法，她太害怕了，无法自己一个人来上课。一次轮到她在课堂上发言时，她的紧张之情溢于言表，整个人显得极度慌张，以至于我很担心她接下来会惊恐发作。

我用了"满灌疗法"，简单说，就是让多莉丝做自己最害怕的事。我告诉她不要遮掩，干脆就在课堂上重现一下惊恐发作的样子，也让我和其他学员增长一下见识。结果正如我所料，她想尽办法也没能表现出惊恐发作的样子，并且最终笑了起来，大家也都跟着她笑了。从那时起，她走上了康复之路，她很努力地完成课后作业，很快，就能够自己驾车、购物甚至乘地铁了。而我和其他学员，有幸见证了她的改变。

一天，她心事重重地告诉我："现在我一天天地变好了，可是，我感觉丈夫似乎在阻挠我。每次我要离开家，他就拿各种可怕的事吓唬我。当我遇到什么开心事回家和他分享，他总是冷漠地躲开。我很生气！我搞不懂到底怎么了，他为什么要那样对我？"

对于每个在相处模式上主动发起过改变的人而言，答案显而易见，泰德这样做，有着多重原因：

第一，他不习惯妻子的改变。在妻子踏上恢复的道路之前，他有一个总会在家等待他的妻子，他从不用怀疑她去外面做了什么欺瞒他的事。虽然她的广场恐惧症给二人生活带来了不便，但泰德却因此有了极大的安全感。

第二，他对妻子依然十分担忧。这么多年以来，她都把自己关在家里，而家里没什么能伤害到她，但现在，她进入了外面的世界，泰德必然会担心她受到伤害。就像我们担心自己的孩子第一次过马路，他也担心自己的"孩子"，尤其是，这个"孩子"这么多年来还是头一次过马路。

最后，她的独立也困扰着他。这么多年，她一直很需要泰德，现在她自己能够独立了，并且开始探索外面的世界。如果她发现自己不再需要泰德了，她还愿意留在他身边吗？

当如此纷乱的想法出现在泰德的心里，他怎么可能真心支持多莉丝的成长？我和多莉丝坦诚地讨论了泰德目前可能的感受，她逐渐意识到，现在最需要帮助的人是丈夫。而在此之前，因为丈夫的反对，愤怒的情绪让她根本想不到要给丈夫提供帮助，就像她所说的："如果一个人打了你一耳光，你怎么可能反过来安慰他！"但在这之后，她开始帮助自己的丈夫，就像对方曾经帮助她那样。

★★★

罗娜是个让人惊艳的美女，就像是时尚杂志中走出来的超模。但3年前，她的体重却达到了250磅。医生警告她，要是再不减肥的话，她的健康将会面临崩溃，罗娜大为触动，凭着惊人的毅力，她真的成功减重了，再次恢复了妖娆身材。

当罗娜恢复了昔日的魅力，她的丈夫比尔却惴惴不安起来，他很担心自己的漂亮老婆会吸引其他男人的注意。因此，有意无意地，他会讽刺罗娜卖弄风骚，拒绝和她同床，并且给她买来高脂肪的食物。

比尔并不是个坏人，也很爱妻子，也正因此，当他意识到自己居然不希望妻子变得更健康、更美丽时，内心十分震惊。他发现自己的不安全感正在打压妻子的自信，并且很可能破坏他们的关系，于是他主动地寻求心理医生的帮助。

以上这两段婚姻，都有着让人欣慰的结局，两对夫妻全都克服了阻碍，在变化中建立起了更好的关系。然而，并非所有伴侣都能如他们那般幸运，有时候，当婚姻中的一方坚决抗拒另一方的改变时，也就预示了关系的终结。这或许会让很多已婚人士心中震动，甚至对自我成长产生了犹豫，然而我所见过的所有例子中，对于那些想要绊住我们的伴侣，离开，真的是最好的选择。下面的这两个故事，便能印证这一点。

理查德是个沉稳的人。他有妻子和两个孩子，自己是一名会计师，固定领着两周一结的薪水。在他将近40岁的时候，机遇突然从天而降，一家他曾经提供账务服务的公司，现在正在出售。他很了解那家公司，知道公司前景很好，并且目前的售价也很合理。然而，他刚跟妻子表露了一下念头，就被一口回绝了。妻子认为这是在冒险，而且，她不相信自己的丈夫有本事赚到钱。

理查德思来想去，觉得无论如何也要尝试一下。他很清楚自己可能会失败，但如果不去闯一把，就连失败的资格都没有。于是，他四处筹钱，终于买下了那家公司。

在理查德学着经营公司的过程中，他的家庭也发生了巨变。面对丈夫在财力与精力上的投入，妻子不愿表示出一丁点的支持，哪怕只是一句鼓励的话。她不停地抱怨，指责丈夫不听自己的话，而对丈夫发出的一起经营公司的邀请，她也不耐烦地拒绝了。

家里总是弥漫着硝烟味，理查德发现，自己每天早上都希望赶紧离开家，而晚上则不愿回来，他明白，是时候结束这段关系了。而直到离婚后，妻子都认定他们分开是因为理查德太自私。

没过多久，理查德的公司取得了巨大成功。他很庆幸自己当初选择了放手一搏，事业上的成就，也提升了他的自信。理查德在成长，而他的妻子没能做到，并且，她还将自己视为受害者，认为是理查德对不起家庭。但其实，她的不满是源自理查德没有按照她的想法去做。

后来，理查德找到了愿意与他相互扶持的人，他们步入婚姻殿堂，并且一直彼此支持着对方。

如果说理查德的前妻是希望丈夫完全听命于自己，那么下面这个故事，则是一场丈夫对妻子启动的"养成游戏"，但因为妻子的快速成长，这场游戏已经难以为继。

希拉结婚时还很年轻，结婚 4 年，她就已经生了两个女儿。希拉不想只做个全职妈妈，于是决定重回校园进修，丈夫罗杰也很支持她。

凭着自己的聪慧与勤奋，希拉一路拿下了硕士和博士学位。在希拉求学的前几年，罗杰对妻子的状况很满意，他将希拉视为自己的"学员"，将她的成长视为自己的杰作。但是，在希拉拿到博士学位几年之后，两人的关系发生了变化。她不再是他听话的"学员"，而是独当一面的专业人士，她的学历比他高，接触的圈层也越来越优质，她有了更多自己的想法和规划。

罗杰开始采取各种方式打击希拉，希拉却不愿再陪他继续这样的"养成游戏"，两人沟通渐少，之后，罗杰开始和别的女人有染，而出轨对象是个没什么文化的女人，一直视他为偶像。

罗杰并非不愿意希拉成长，而是希望对方能按照他的意愿成长，永远做他的优质"学员"。当希拉成长得超乎他的预想，养成游戏停止，这段关系也走到了尽头。

刚分开时，希拉十分痛苦，但却并不后悔。重返校园和考取学位，都是给了她无限充实和快乐的事情，她不能为了满足伴侣

Feel the Fear...and Do It Anyway
惧动力：拓展自我的根本力量

的私欲而选择放弃。在做一个乖巧的"学员"妻子与做一个独立的单身女性中，她选择了后者，选择了成长。

希拉的女儿们也着实难过了一阵，但是现在，她们都为妈妈而感到无比骄傲。希拉身体力行地告诉她的女儿们，一个人最重要的事情就是自我的成长，而不是因为害怕失去而勉强留住一段关系。现在，希拉也已经再婚，现任丈夫也是一个拥有惧动力的人，他不会限制希拉的发展。

我知道，我们中的大多数都是重视情意的人，我们珍惜和伴侣的关系。但同时，我们也都是对自己有所期待的人，我们不甘心按照自己厌恶的方式度过余生。爱情故事中，人们歌颂那些为了伴侣牺牲一切的人，认为这样才算是高尚的感情，但现实中，一味地牺牲并不会让感情更加深厚，反而埋下了一枚定时炸弹。

今天，你或许会因为害怕伴侣不高兴而停止了自我的成长，而明天，你一定会因为没能抓住机会而心生怨恨，被"受害者心理"所困，认为是对方耽误了自己。在这样的相互指责下，没有哪段关系能够善终。

既然如此，我们又该如何在自我成长中，去调和与伴侣的关系呢？我的建议是，充分运用我们的惧动力，让我们不因恐惧而轻易放弃。

当你决定成长时，要相信伴侣会衷心希望你越来越好，不要恐惧，请勇敢奔赴你的目标；

当你发生改变时，请相信对方会爱上改变后的你，不要恐惧，请尽情展示全新的你；

当你的伴侣感到不适应时，要邀请他与你一起成长，不要恐惧，因为每个人都希望拥有独立、积极和有担当的另一半；

当你的伴侣能够和你齐头并进，或者以开放、包容的心态面对你的成长，你们的关系会更加稳固；而如果伴侣阻碍你、反对你、消耗你，请马上抽身离开这段关系，不要恐惧也不要痛惜，你不是谁的"学员"，也不是谁的玩偶，终究会有一段健康、对等、积极的关系等着你。

来自血缘的阻碍

在我们为了成长而做出改变时，不仅朋友和伴侣会困扰我们，即使是与我们有着血缘关系的亲人，也可能表示反对。

血缘关系不同于友谊与婚姻，不会因为成长的不同步而彻底断裂，既然如此，反对声又是如何出现的呢？最主要的原因，就是我们的亲人们习惯了旧有的相处模式，而且，这种旧模式存在的时间很可能远超一段友谊或婚姻，因此，当一方发生改变时，另一方便会出现格外强烈的反应。

看似懵懂的孩子其实很善于操纵情绪，他们经常会利用我们的愧疚感。比如当你某天忙于学习和工作时，他会忽闪着眼睛，委屈地问你："妈妈，你不爱我了吗？"由此来赢得你和他玩乐高的两小时。

而我们父母的抵制则更加微妙，他们的小"伎俩"通常更不易被察觉，比如他们会说："亲爱的，你确定你自己能搞定吗？你一直不太能独自处理好事情的。"或者说出："亲爱的，离婚的话你一定要好好想想，没人想要一个超过30岁的女人，何况还拖着两个孩子。"还可能像这样："你最近怎么这么自私，你小时候不是这个样子的。"

在人们的普遍认知中，父母应该是最能体谅包容孩子、最希望孩子实现成长的人，然而现实中，最擅长摧毁孩子的自信心的人，往往也是父母。父母会用"担忧"为借口，让孩子的活动控制在他们能接受的范围内。然而随着孩子的成长，迟早会发现父母的局限性，我的经验是，这种情况下我们大可直接指出父母的想法，一旦借口被戳破，他们很有可能停止批评之声。下面就是我和母亲之间的一段真实对话：

我：“妈妈，你明显是不相信我。”

母亲：“不相信你？怎么可能。我一直觉得你是我见过的最聪明、最能干的人，我只是有点担心你。”

我：“如果事实果真和你想的一样，我那么聪明能干，你的担心岂不是更没必要。”

母亲一脸惊讶，她似乎平生第一次意识到，我已经不是两岁的小女孩，而是一个成熟的成年人。从那以后，每当我做出决定时，母亲不再阻拦我，反而会说：“你能行的。只要你想做，就能做到！”

我们中的有些人是很幸运的，他的家人总是无条件支持他们的选择，但这只是少数。更常见的是，家人察觉到你的改变之后，会随即爆发一系列的阻碍和摩擦。

这时候，我们务必要去创造一种双赢的局面，毕竟血缘关系无法割断，并且是陪伴我们最久的关系。然而，他们对我们的改变都已经如此抗拒，如何还能让他们自己实现改变呢？这确实是个难题。

记得我重回校园的时候，身边所有的人都不高兴。母亲不理解我为什么要“抛下”孩子们；丈夫因为我暂时离开他而心生怨气；孩子们由于我不在身边照顾他们而疏离我；而朋友们——她们基本都是母亲和家庭主妇，竟然也一致反对我。

面对各种反对声，我被气坏了，那时的我并不成熟，不能理解他们的反对声后藏着怎样的深层原因，于是，我采取了错误的应对方式：用猛烈的话语，还击那些阻挠我的人。

这些话语瞬间引发了各种关系的混乱，我自己也变得面目可憎，情绪极不稳定，令人讨厌。这时的我，已经出现了"钟摆综合征"，而这正是对待一段关系的大忌。接下来，我们就来从"钟摆综合征"入手，来探讨该如何构建起双赢的关系，不仅限于血缘关系，也可以运用到婚姻与友谊关系中。

杜绝"钟摆综合征"，开启双赢模式

当我们向着成长之路迈进时，一旦遇到阻碍，很容易出现两种极端状态：被动退缩，或过激冒进。就像是钟摆一样摇摆不停，非左即右。

这些都是不够成熟的表现。被动退缩，是因为我们缺乏惧动力，一旦被打击就会产生自我怀疑，或者是惧怕撼动一段关系，于是不再坚持自己。而过激冒进，则是因为我们无法控制好内心澎湃的动力，只会一味地冲刺，难免将事情做过了头。过激冒进的一个突出表现就是，我们会对所有反对我们的人充满敌意，哪怕这些人是最关心我们的人或最爱我们的人。

我们需要在"被动"与"过激"之间来回摇摆很多次，才能之间找到平衡点，进入稳定健康的状态——既能坚持自己，又对亲人不含敌意，也就是心理学家科胡特所说的"不含敌意的坚决"。

准确地说，这种摇摆可以称为"被动—过激—健康综合征"（见下页图）。我们从下面列举的几句话中，可以看出一个人在过激阶段是多么令人讨厌：

"你怎么敢这样！"

"我才不在意你怎么想。我怎么开心怎么来！"

"我不需要你的帮助，永远不需要！"

"说我自私？你怎么不看看你自己！"

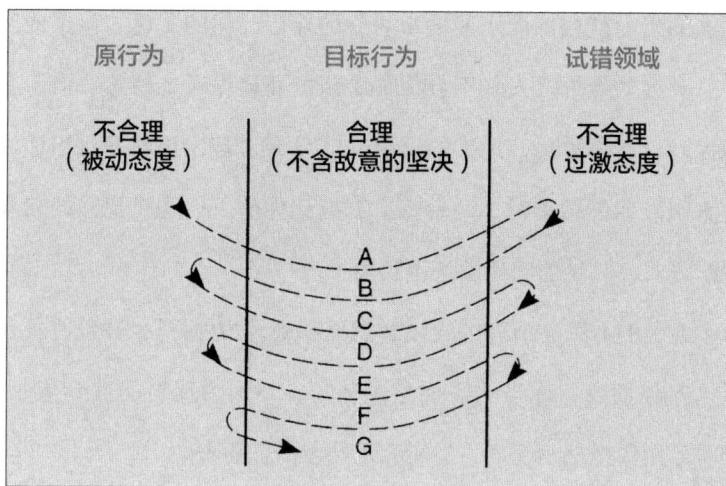

原行为   目标行为   试错领域

不合理（被动态度）   合理（不含敌意的坚决）   不合理（过激态度）

A
B
C
D
E
F
G

被动与过激两种状态都不健康，然而从自我成长的角度来说，过激肯定要好过被动。尽管我们也不喜欢自己火气冲天的样子，但却胜过唯唯诺诺的状态，所以，如果你发现自己反应过激，也不要停止为自己辩护，更不能因此回到安全舒适区。我们需要在摸索中慢慢了解与反省，才能做到"不含敌意的坚决"，合理地表达自己的要求，并承担应有的责任。

想做到"不含敌意的坚决"，需要掌握以下几个要点：

1.觉醒是关键

要形成这样的自觉：一旦你踏上了成长的冒险之旅，来自周围人的阻力就会像潮水般涌来。你的伴侣，你的父母、孩子或朋友——这些亲近之人并不会像你希望的那样振臂支持你。请不要惊诧，也不必愤怒，他们的反应并非没有道理，这就好比当你站起来引发船体摇动时，一定就会有人让你坐下，这是他们的自我保护方式，只是他们还没意识到罢了。

在他们看来，所有的告诫和意见都是"为你好"，并没有什么错。对你而言，你当然需要意志坚定，不因为反对而放弃成长，但也不用像个战士一样，对所有阻挡者举剑还击。

你可以告诉别人，他们的建议对你很有帮助，这样会让他们感觉好一些，比如写张贺卡表达你的感激之情，或送束鲜花或气球。这么做并非是为了让他们不好意思再反对，而是帮助他们更快接受你的改变，同时，也会让你能够关注到他们对你的帮助和爱，杜绝因为情绪激动而伤害对方。

2. 选择更好的沟通方式

面对他人的负面反馈，你在交流时，可以选择更好的沟通方式，让自己在表达决心的同时不含敌意。下面就是一些可以参考的例子，我们不妨比较一下双输模式与双赢模式的不同：

妈妈："只靠你自己，是绝对不可能在外面立足的。"

双输模式："管好你自己的事，我想做什么就做什么！"

双赢模式："妈妈，谢谢您的关心，因为您的教育，我才对自己有了足够的信心，我知道无论发生什么我都能处理好。我也需要您对我有信心，您的信心对我很重要。"

丈夫："看看你自己，自从你开始那份工作以后，就变得如此自私。你真的喜欢现在的自己吗？"

双输模式："你说我自私，那你觉得这么多年来是谁在费心操持家庭？现在轮到我随心所欲了。"

双赢模式："我明白你为什么说我自私，因为我不能像以前一样陪在你身边了。做出这样的改变，对我来说也很难，但这是我成长的必经之路。如果不这样做，不管对自己还是对你，我都会有怨气的。我真的很需要你的支持。我知道你现在感觉被忽视了，这很正常。你要知道我很爱你，我们可以做点什么来改变现在的处境。"

孩子："你不再关心我们了。"

双输模式："你们真是没良心，不知感恩。从你出生起我就忙里忙外，现在我想要为自己活，你们却在这里抱怨，不体谅我，你们太自私，太不懂事了！"

双赢模式："这段时间我不在，我知道你们不好受。但我相信这段时间你们没有我也能过下去。妈妈也是普通人，也需要平静地休息一下才能工作。"

类似的对话还有很多，关键就是我们要找到双赢模式。杜布森和维克多·米勒写了一本关于友好地表达自己的书，叫《生活中的合气道》，他们认为"最好的胜利就是每个人都赢"。

我们每个人都该学习一些平衡的技巧，从心理到语言，都应该拥有寻找平衡点的能力。如此，当你感觉自己摆向一个极端的时候，便能让自己及时恢复平和的心境和稳定的情绪。在上一章中提到的放松音频、冥想和自我对话，也都能帮你恢复平静，此外，我们还可以把和生活中的各种社交都当成"练习"，不断找出我们需要改进的地方。

3. 正视内心给出的信号

如果在面对亲人的反对时，我们发现自己心中充满了敌意，这足以证明两件事：①我们迫切需要他们的认可和支持；②我们的行为依然带着孩子气。

因此，当心中的敌意一旦出现，我们就要提醒自己，务必采取成熟的行为，也就是不带敌意地表明立场，陈述事实，坚持自己。

除了敌意，还有一种情绪也是重要的心理信号，那就是愧疚。愧疚容易让我们萌生退意，不敢改变，同时也存在另一种可能，就是我们为了不愧疚，而干脆表现得狂躁无情，给予对方更猛烈的打击。

敌意和愧疚都无法切断我们和亲近之人不健康的关系，当然，更无法梳理出健康的关系，它们只能激发出"钟摆综合征"，让关系变得更加糟糕。

敌意和愧疚不会永远出现在我们心中，当我们越来越清楚成长的必经过程后，认知会得到提升，心智会越来越成熟，这时，无论别人说些什么，自己都不会再受到影响了。我们不再因为别人的阻碍而歇斯底里，我们摆脱了儿童的情绪化角色，转而采取成人的处理方式，比如，我们会笑着给他们一个拥抱，然后说："我爱你，但是我要过自己的生活。"

想要摆脱不成熟的关系，就必须用更负责任的关系来取代，而更负责的关系，必然能让我们对亲近之人表达出更多爱意。

惧动力能够支持我们前进，"不含敌意的坚决"让我们既能坚持自己，也能给予别人理解与爱。在这些力量的作用下，会产生一个奇特的结果：我们需要别人的认可越少，就越有能力付出更多的爱。

4. 允许自己暂时切断连接

如果你实在没办法和亲近之人心平气和地打交道，他们的言行又对你造成了摧毁性的影响，那么不如先切断连接，但这并非是为了让对方改变，而是为了让你有时间培育出成人的处理方式。

有一位叫作夏洛特的学员，她的父亲总是言之凿凿地告诉她"你很无能"，丝毫不顾及她的感受。夏洛特忍无可忍，于是告诉她的父亲："爸爸，我很爱你，但我现在需要的是支持和爱，从你身上我没看到这些。在你学会尊重我之前，我不会回来了。"从那之后，夏洛特真的不再和他见面，最多在节日或生日循例打个电话，她当然不指望自己的父亲幡然醒悟，而是让自己培育出应对嘲讽的勇气。

这种切断，即使是暂时的，也真的很不容易。我们会伤感，会阵痛，甚至会时不时地质疑自己行为的必要性。然而这样的切断在很多时候却是必需的，甚至可以说是唯一的选择。想打开一扇新的大门，必然要先关闭一扇旧的大门，虽然我们会为一段关系的终结而难过，但新的关系会带来更多的希望和美满。

夏洛特的故事便充分证明了这一点，当她最终和父亲重归于好时，父亲再也没有嘲讽过她。

夏洛特利用切断连接的时机，让自己变得无畏嘲讽，然而，夏洛特的父亲又是为什么不再嘲讽女儿？是迫于断绝关系的压力？还是突然发觉了自己的刻薄？我推测，在夏洛特发现自己的力量之前，她在父亲面前确实呈现出了一副不争气的样子，因此，当她改变时，他对她的反应也随之改变了。

这就是惧动力的作用，内在的力量是受人尊重的——我们展现出什么样子，就会收获什么回馈。

从这些真实发生的变化中，我们更可以获得鼓舞，当我们不畏惧各种反对之声，坚决踏上自己要走的道路时，惧动力激发出的力量，会助我们打破不健康的关系，建立更健康的新关系。而真正爱我们的人，终究会尊重并理解我们的选择。

chapter 07

在赢的认知模式中，
你不可能输

双输认知模式下，每条道路都是错误。
双赢认知模式下，每个选项都是机会。
我们不能用对错衡量事物，
更不能沉浸于这样的设想。
从来没有最优选项，
所有人都是在跌跌撞撞中走向成功，
走出了一条锯齿形的路。

双输模式下，每个选项都是潘多拉魔盒

一位学员曾对我说："我感觉自己就像寓言中的驴子，面前有两堆干草，却因为无法决定吃哪一堆而饿了肚子。"这也是很多人的心声，我们经常害怕做出选择，为此左右为难，甚至不敢动弹。

很多人将之称为"选择困难症"，但归根结底，我们是怕自己不能挑中那个最优选项。

在发霉的面包与一桌佳肴中，我们必然选择后者，但当我们面临的选项优劣并不明晰时，就会难以取舍。追求者各有所长，新 offer 各有特色，假期旅游是去海滩看比基尼美女，还是去雪山体会赛道的刺激，每件事都无法轻易决断。于是，我们无数次问自己："这个选项是对的吗？另外的那些会不会更好？"

无法选择，是缺乏惧动力的典型表现。因为惧动力的缺乏，人在面临选择时，会自动进入"双输模式"。

什么是"双输模式"？简单说，就是无论选哪个，都觉得自己选错了。"双输模式"具有以下三个特点：

1.将一切选择简单地划分为"对"与"错"

当我们面临选择时，会不由自主地认为，众多选项中只有一个正确的，就好像是考试中的单选题，其余的选项不仅错误，万一选中了还会扣分，给自己造成难以弥补的损失。正因为带有这样的想法，我们才会在选择时纠结不已。

然而，用"对"与"错"区分众多选项，这本身就是错误的认知。

不同于考试中的选择题，我们面临的选项并没有标准答案。两位追求者中，是选择外表帅气的，还是性格温柔，都算不上"对"或"错"，几份 offer 中，是选择收入高的，还是上升空间大的，也没有一定之规。我们所谓的优劣选项，完全取决于自己的认知，而双输模式的特点，就是认知上的单一。

双输模式认为选项要么是绝对的"对"，要么是绝对的"错"，而且性质不可改变。双输模式下，我们会急着给事物定性，就像是小孩子在看电影时一定先要问清谁是好人，谁是坏人，然后再去为正义的一方振臂加油。

基于这样的心理，我们站在分岔路口时难免来回踱步，犹豫不决，思量着每个选项的对错，猜测着背后是否藏着自己没看到的陷阱，或者是未能发觉的好处，就像下面这张图这样：

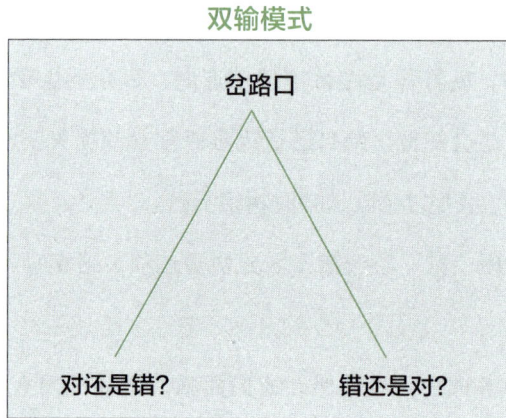

双输模式

岔路口

对还是错？　　　　　　　　错还是对？

　　请留意观察道路下方的两个选项，会发现这张图揭露了双输模式的两个真相：我们总是会用"对"和"错"衡量选项；在这样的模式下，各个选项对我们而言没有任何区别——都说不上错，但也绝算不上对。

　　为什么双输模式下，不存在正确的道路？这就要提到双输模式的第二个特点——

2.不敢承担选择的结果

　　之前已经说过，双输模式的根源是缺乏惧动力。当我们惧动力不足时，还会变得不敢承担结果。

由于双输模式认定选项一定存在对错，而且结果不可逆转，因此，双输模式下的我们会对每个选项如临大敌，生怕一不小心误入歧途，自己又无力扭转局面。选择变成了格外沉重的事情，心中的纠结之声不绝于耳："我选了这个会怎么样？如果没有按照计划发生该怎么办？我会不会就此完蛋了？"一连串的"假如"不断从心底冒出来，我们既希望用"假如"预测未来，还妄图用"假如"去控制变幻莫测的外部世界，以确保自己安全无虞，事实上，这种念头纯属于妄想，世界并不会因为我们想得够多，就听命于我们。而更好笑的是，在我们被吓得瘫在岔路口时，我们担心的事情，常常一件都没发生呢。

如果我们已经进行了选择，但是遇到了波折，双输模式则更会让我们萌生出"受害者心理"，以逃避自己应担负的责任。我们会把过错推到恋人、家人、朋友、上司或客户的身上，偏偏不承认这些后果是来自自己的选择。

正因为双输模式让人不敢承担后果，所以也衍生出了第三个特点——

3.容易后悔

双输模式的人常常悔不当初，只要选择后的进展稍微不如预期，就会认为自己一定是选了"错"的那个选项，继而发出"要是当初……就好了"的哀号。当我们陷入悔恨时，是很难理智地寻找对策的，我们会耗费大量的时间在自我责备上，并严重质疑自己的能力。

即使结果和预想的一样，双输模式依然会持续发挥作用。我们或许暂时松了口气，之后还要面对漫长的忐忑："这份工作现在是不错，但是谁知道过几年公司会不会倒闭，或者换了个看我不顺眼的上司。""我跟他目前感情是很好，但是他会一直爱我吗？我又会一直爱他吗？"双输模式让我们疑窦丛生，每一步都走得战战兢兢。

实际上，人一旦进入双输模式，后悔是必然的事。即使我们凭借经验、凭借别人的建议去规避一些风险，然而，却不可能有两次一模一样的选择等着我们，我们总会遇到些新的情况，一些棘手的难题或意外。

无论选择哪条路，我们注定会遭遇波折，无论这波折是大是小，但在它降临的那一刻，我们便会浮想联翩，想象自己当初如

Feel the Fear...and Do It Anyway
惧动力： 拓展自我的根本力量

果选了另一条路，是不是就不会有眼前的麻烦了。这种后悔如万蚁噬心，引发一波接一波的痛苦。

更重要的是，在下一次面临选择时，双输模式会促使我们将之前过程再来一遍：纠结于选项的对错—不敢承担后果—在选择后整日提心吊胆，稍有差池就悔恨不已。

以上，便是双输模式的三大特点。可以看到，虽然双输模式下的每个人都在竭尽全力寻找着正确选项，但是每一个选项对他们而言，都是潘多拉的魔盒，迟早会成为他们眼中的"错误"。

如果你发现自己也有同样的想法，那就证明你已经不知不觉地进入了这种模式。但这并非道尽途穷，我们依然有能力摆脱其控制，答案就是运用惧动力，从而让我们进入双赢模式。

双赢模式下，每一条路都是成长阶梯

什么是双赢模式？和双输模式的差别究竟在哪儿？

下面这张图，便是双赢模式下，人们的思维路径：

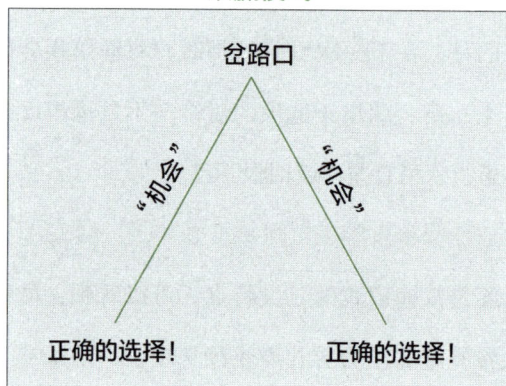

双赢模式

岔路口

"机会"   "机会"

正确的选择!   正确的选择!

双赢模式同样具有三个特点：

1.不用对错衡量选项

在双赢模式下，没有所谓的正确或错误选项，就如上图所示，A 和 B 都是"正确的选择"。

具有双赢模式的人，会以开放心态看待世界，不急着为事物定性，不一门心思地辨别选项的对错。人一旦进入双赢模式，寻求的就不是最优选项，而是自我的成长，而自我成长并非只有一条道路，任何选择都能让人获益。

举个例子来说，假设我们现在面临两种选择：第一种，是选择继续从事现在的工作；第二种，是选择跳槽，去一个全新领域。双输模式会让内心陷入冲突，纠结之声频繁响起：

　　如果我留在这里，可能会错过一个非常好的机会。但是，新工作我就一定能胜任吗？万一新老板炒了我的鱿鱼，我岂不是一无所有？我挺喜欢现在的工作，可谁又知道老板会不会给我升职加薪呢。我要是后悔了该怎么办？要是……唉，这简直太愁人了！要是选错了，我的一辈子就毁了！

　　如果用双赢的认知模式看问题，我们会这样说：

　　真是太好了！我得到了一个新的工作机会。我会遇到新朋友，学习新东西，体验完全不同的工作环境，还能拓展经验。就算进展不顺利，我也知道自己能解决。当然，如果留在现在的公司，也是一个不错的选择，我能将这份工作做得更好。有人来挖我，证明我的能力还不错，现在的老板或许也会给我升职加薪的。即使现在的路走不通了，我也能找到其他的机会，无论哪一条路，都会是激动人心的经历。

通常，我们会以金钱、权力、名望作为衡量选择的标准，这种简单的标准会让人变得短视，而看不到每个选项的长远价值。而在双赢的认知模式下，选项之间没有硬性的对错之分，我们不会只追求肤浅的成功，而是会将一切选项视为机会，如此一来，既不会放大每个选项可能潜藏的风险，也不会忽略带来的益处，才能做出真正遵从自己心愿的选择。

2.乐于承担选择的结果

因为拥有惧动力，所以无论选择之后发生了什么，我们都可以坦然接受。前面说过，一段经历究竟会对我们产生怎样的影响，取决于我们对这段经历的认知。双赢模式便让我们不惧怕选择后的一切结果，并且总能从中汲取营养，可以说，一旦我们进入双赢模式，也就等于身处一个没有失败的世界。阿莱克斯的故事，便是个很好的证明。

阿莱克斯原本就读于法学院，准备毕业后子承父业做一名律师。在法学院读了两年，他的成绩一直很优异，然而，求学不仅拉开了他与父母的物理距离，也让他有了更多机会感受自己的内心。阿莱克斯渐渐发现，自己并不想将余生都用在和法律条款的

"厮杀"上，这是父亲的意愿，不是自己的，他真正感兴趣的是临床心理学。于是他决定离开法学院，转而学心理学，他的父亲并未阻止他，但同时也表示，不会再帮他支付学费。

该怎么评价阿莱克斯做出的选择呢？在很多人眼里，会认为他之前白白浪费了两年，要么为他今后的学费压力而担忧，而阿莱克斯却并不这么想。在法学院的两年里，他发现自己并不适合当律师，因为这个发现，他认为这两年很有价值；而且，在法学院他认识了不少朋友，这些朋友后来仍有往来，他收获了友谊；至于学费，他在学习心理学的时候，去了一家建筑公司打工，他觉得这种经历新奇极了，而更关键的是，公司里的一位同事后来成了他的妻子。

这便是双赢模式下的人生，这些宝贵的经历，对阿莱克斯堪称无价之宝，他明白了"对生活负责"是怎样的一种体验。也许父子俩都没意识到，正是父亲拒绝支付学费的做法，使阿莱克斯更独立了。而阿莱克斯在这些经历中也领悟了一个道理：如果特别想达到某个目标，那么就一定能找到路。

我们内心的恐惧，往往缘于对自己的不信任。而惧动力则能让我们克服恐惧，建立起足够的自信，担负起选择的后果，以双赢模式开启新的挑战。

3.不为选择后悔

惧动力所带来的双赢模式，并不能降低我们遭遇波折的概率，但是，却改变了我们对于波折的认知，让我们免于被悔恨折磨。当然，这并非是让我们变得愚钝，而是让我们变得更加强大，不被恐惧困住手脚。

在双赢模式的人眼中，那些被迫面对人生的苦痛——诸如失业、爱人离世、离婚、破产和疾病的人，在某种意义上也是一种幸运。他们不会为自己当初的选择感到懊恼，而是会去挖掘所选选项中的最大价值，如此，当他们穿越过风暴，便变成了更有力量的人。

而且这种内心的修炼，会带来一个有趣的现象，那就是内心的成熟往往会吸引来外在的成就。换句话说，内心的状况一定是与外界的成就相互匹配的。向外盲目追逐时，我们难免内外皆失，而向内修炼，却能内外兼收。

举个例子来说，我们入职了一份新工作，但几个月后就被辞退了，这时我们要如何应对？双输模式让我们停在过去，内心不断悔恨，而双赢模式则让我们面对未来，迅速建立起信心，重组力量，分析原因，以便找到更满意的新工作。我们不仅不后悔，还会发现这段经历的价值，我们可能了解了一个新行业，或者体验了一个新职位，抑或结交了一些新朋友，这些都开拓了我们的眼界，并且很可能在未来某天派上用场。

如此一来，失去便也可以成为双赢的机会。

从"双输"到"双赢"，我们需要做这些事

现在，我们已经知道了双输模式和双赢模式的区别。接下来，我们就具体分析一下，我们究竟应该采取哪些步骤，让自己及时从双输模式脱身，并转入双赢模式的轨道。

当我们还未做出决定时，我们可以这样做：

做决定之前

1. 将注意力立即转到双赢模式上。如果发现自己陷入了纠结和犹豫，不要去想自己会失去什么，只聚焦于自己能获得什么。我们可以告诉自己："无论我做什么决定，都不会失去什么，世界上到处是机遇，我终究可以变得更加强大。"

2. 做好功课。对于面前的选项，我们需要充分地了解。我们

可以向身边的人们阐述自己的想法，听听他们的反馈，尤其是那些专业人士。别害怕接近权威，根据我的经验，他们中的一部分人确实会拒绝提供帮助，但是大部分人会很乐意提供帮助。

除了专业人士，任何途径得到的建议也都有意义。宴会上、理发店、美容院、诊所等，都可以成为我们寻求反馈的地方。在不同场合遇见的不同的人，很可能让我们获得看待问题的新视角，给我们带来意想不到的帮助。

值得注意的是，虽然我们提倡广泛寻求反馈，但选择"合适"的人交流也很重要。我们所交流的对象，应该和我们同样有着学习和成长的意愿。一个积极的人，会给出真诚的建议，而一个消极的人，只会一直给我们泼冷水。如果对方总是打击我们，那么，他就不是一个合适的人，我们应该礼貌地说声谢谢，然后转身去找别人。就像我的一位老师曾告诉我的："第一次与不合适的人交谈，你会感到遗憾；第二次，你就成了遗憾。"

此外，也不要因为害怕失败后颜面尽失，就不把自己的计划说出来。别把虚无的颜面看得那么重要，如果我们无法详尽地了解一件事的情况，也就切断了有价值的信息来源。我的一个学员向我吐露他的担忧，他担心自己万一在问了很多人后却遭遇了失败，会被大家奚落为"口头上的巨人"，于是，我对他讲了我第一

Feel the Fear...and Do It Anyway
惧动力：拓展自我的根本力量

次出版书籍的经历。

很多年前，我就打算出版一本自己的诗集。那时候，我对出版一无所知，所以我抓住一切机会和别人讨论如何出版。比如，我参加了一个关于出版的课程；我找到在出版社工作的人咨询；我把书稿寄给 20 家出版社。随着一封又一封的退稿信到来，我的诗集未能出版成功，看起来，我的那些工夫似乎都白费了，然而就在不久后，我当时的生意伙伴，也是现在的好朋友艾伦·卡尔找到我，说想和我合著一本关于女性就业的书。一下子，我之前搜集的情报全都有了用武之地，最终，我们的书顺利出版。

我很庆幸自己拥有足够的惧动力，能将所谓颜面放在一边，想方设法去获得想要的信息。因而我才了解到出版的流程和要点，还积累了不少应对拒绝的经验，即使有人质疑，我也将其视为明确目标的过程，因为那些质疑，我才发现自己的目标原来如此坚定。

3. 确定优先级别。既然双赢模式不存在错误选项，那么在众多选项中，我们到底该选择哪个呢？这时，我们便需要确定自己内心的优先级别。

确定优先级别对很多人来说很难，因为我们在很小的时候就被告知要顺从，此时突然有了决定权，难免无法判断。一个简单的方法是，问问我们自己：目前看来，哪条路和自己的总体人生目标更一致。

需要记住的是，随着年龄的变化、境遇的不同，我们的目标也是会发生变化的，我们需要不断地进行再评估。而另一个要点在于，我们可能会判断失误，分不清主次，因此不断评估就显得更为重要了。

4. **相信自己的直觉**。即使我们做足了功课，和许多人做了交流，也得出了合乎内心逻辑的选择，但我们有时依然会有冲动，想要选择另一条路。这个时候，请相信自己的潜意识，说得通俗些，就是相信自己的直觉。

当我获得心理学博士学位以后，原本计划开一间私人心理诊所。这时，一位朋友正在纽约的一家流动医院任执行总监，他邀请我一起工作。尽管这个岗位并不在预定计划内，但我的直觉告诉我："接下这份邀请，去吧！"

我入职几个月之后，朋友辞职了，于是我就升为执行总监。突然成为管理者，确实也不在计划之内，但是我的潜意识却又发出了鼓励信号，我接下了任命，而且后来发现自己竟然做得很好。

在流动医院的这段经历，从一开始就是计划之外，却给我造成了意义深远的影响，让我变得更加自信。

5. 放松一点。我们中的大多数人，总把所做的每个决定看得过于重大，认为这个决定就能改变自己的一生。其实，这种扭转人生的选择少之又少，生活并不是某一次选择，而是一个选择接着又一个选择，就算其中某个环节有所差池，我们并不会就此完蛋，以后必然还有机会修正。

选择的投资项目赔了钱，没关系，我们至少学到了些经验，以后便能更加精准；选择的伴侣最终离了婚，别沮丧，人总要经历孤独的阶段。我们都是这偌大世界中的一位学员，学制终身，课程便是学会与世界相处，因此，每一堂课都是值得的。

放轻松，无论选择后的结果是什么，相信我们都能应对，也都有机会转圜。

以上 5 点，是在做决定前我们可以采取的步骤，而下面这 3 点，则是我们已经做出决定后要做的事。

做决定之后

1.**抛掉期望**。我们在做出选择时，都会对结果有所期望，这是人之常情，但结局毕竟并非意志可以控制，所以总是满怀期待，容易对我们的心情造成影响。我的建议是，一旦做出选择，就要忘掉自己的预期，要着重于眼前潜在的收益。如果我们总是以僵化的心态看待结果，极有可能错过其他的机会。

想获得双赢模式，必须明白处处皆机会，事实上，一件事情越是脱离我们的预想，我们的收益也就越有可能超过预期。

2.**完全为自己的决定负责**。请注意我所用的关键词：完全负责。这是一件很有难度的事情，这意味着一旦遇到波折，便不能把责任推给别人。记得当年我的股票下跌时，我真的对股票经纪人咬牙切齿，但是很快我就告诉自己："这是我自己决定要买的，没人强迫我。"我停止了抱怨，并且从选择带来的糟糕状况中发现了机会：我发现自己需要更多地了解股票市场，而不是完全依赖我的股票经纪人；我明白了自己对金钱极度缺乏安全感，这一点需要改进；我还知道了生活并不会因为我在股票市场里亏损就停滞；更关键的是，我明白了股票亏损并不是生死攸关的大事。这时再看决定购买股票的那一晚，我突然觉得也没那么糟。

如果我们能在任何决定中看到机遇，就更容易对自己真正负起责任，而当我们做到为自己的决定负责时，便会更少迁怒于这个世界，也更少迁怒于自己。

3. 不要惋惜沉没成本，允许自己不断修正。我们的文化里总是提倡坚持，认为只要做出了决定，就不能做出更改。这简直如同自我折磨，我们要允许自己修正，尤其是感觉目前的道路已经不适合自己的时候，应该义无反顾地做出改变。修正并非意味着失败，而是代表了我们充分尊重自己内心的感受。

同时，我们也要避免把改变当作借口，任何事都浅尝辄止，我们必须先全情投入，充分体会，然后才能判断出脚下的路是否需要修正。

当然，在修正时，我们会面临各种压力，这压力不仅来自自己，还来自周围人的非议。比如当我们转行时，我们会听到："你竟然转行？你已经为你的事业投入了那么多心血，现在岂不是都白费了！"当我们决定离开一个人，我们会听到："你竟然要分手？你已经和他交往了好几年，再换一个人，你岂不是又要重新开始。"说到这里我们会发现，改造时最大的阻碍，便是沉没成本问题。

沉没成本，代表我们之前为之付出的时间、金钱、精力等都如同泥牛入海，无法回收。由于对沉没成本的惋惜，很多人会不愿意修正，这举动并不明智。不修正，便意味着我们必须将更多的时间、金钱与精力投入到不适合的道路上，这才是真正的浪费。

斯图尔特·埃默里在《现实化》一书中，提出了一个关于修正的极佳模型。在去夏威夷的飞机上，他注意到了一个被飞行员称为导航系统的操作台。安装这个系统的目的，是在预计快到达机场时，让飞机处于离夏威夷机场跑道1000码（约914米）的范围内，每次飞机偏离航线，系统都会纠正。飞行员说："在90%的时间里，我们都会偏离这个范围，但有了这个系统的不断修正，飞机就能准时又精准地降落于夏威夷机场。"埃默里从中悟出一个道理："当我们向某个人生目标努力前进时，一定会出偏差，然后纠正；接下来，会继续出偏差，然后再进行纠正……当我们跌跌撞撞实现目标后，才发现正确的路并非一条直线，而是锯齿形的道路。"

由此我们得知，每个人都是在跟跟跄跄中走向成功的，生活的秘诀，不在于担心做出错误的决定，而是学会修正。如果我们想要拥有一份事业，那就要允许自己多尝试一些职业，然后确定什么是真正想做的；如果我们想建立一个和美的家庭，就要允许自己经历几次分手，然后明白什么样的人适合自己。对于斯图尔特·埃默里提出的修正模型，我是这么理解的：

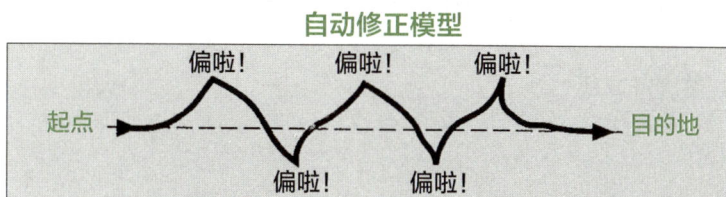

自动修正模型

图上那些偏差，常被误以为是糟糕的、没有价值的东西，但没有偏差也就没有精准。生活中经历一些沮丧，对我们是有益的，它如同导航系统中的修正提示，能辅助我们找到想走的路。这种锯齿形的前进轨迹，才是我们真正的路线。

想要实现双赢模式，我们需要格外关注内心的感受。如同右下腹的剧痛提示我们可能患了阑尾炎，如果我们感到内心不适，很可能代表生活有些地方出了问题——要么是我们的某些做法需要改变，要么是我们看待事物的方法需要改变。

如果我们确认自己需要修正，又不知道应该怎么办，我们可以通过咨询心理医生、读心理类书籍、上研讨班、认识新朋友、加入互助团体来洞察自己的内心。一个人如果愿意敞开心扉，便一定会获得帮助。

下面，我们对两种选择模式做一个简单的回顾。

双输模式的决策过程

做决定之前

1.将注意力转向双输模式。

2.放任杂念让你疯掉。

3.在未知带来的焦虑中动弹不得。

4.不相信自己的内心感觉——完全听从别人的看法。

5.感觉到做决定带来的沉重压力。

做决定之后

1.试图控制结果，焦虑由此而生。

2.过程不顺利的时候责怪别人。

3.结果不尽如人意的时候，一直后悔当初的选择。

4.即使决定是"错误"的也不改正——因为你投入太多了。

双赢模式的选择过程

做决定之前

1. 将注意力立即转到双赢模式上。

2. 做好功课。

3. 确定优先级别。

4. 相信自己的直觉。

5. 放松一点。

做决定之后

1. 抛掉期望。

2. 完全为自己的决定负责。

3. 不要惋惜沉没成本，允许自己不断修正。

当我们深谙双赢模式和双输模式后，会发现"犯错"其实是件很难的事，因为每个"错误"都并不是真的错误，而是一次机会。有人曾问一位科研人员："你在找到答案前，曾经失败了超过

200次，这些失败是不是让你感到很煎熬？"他却摇摇头："不，我从没失败过，我只是发现了200多种带来不同结果的方法！"

我们可以大胆地得出一个结论：如果我们感觉自己从未出现过任何偏差，这并不是好事，因为我们缺少了修正的机会，甚至于还没有出发。

想要拥有双赢模式，关键是获取源源不断的惧动力。而下面这些练习，将帮助我们增加惧动力：

练习

1. 在面临一些决定时，写下做出决定后可能发生的有价值的事情——即使结果可能和预想的不一样也没关系。

2. 在日常的小决定中，广泛运用这个概念："这并没有那么重要。"当我们反复考虑穿哪一套西装去上班时，记住"这并没有那么重要"；当我们花费太多时间研究看哪一部电影，记住"这并没有那么重要"。当我们陷入无谓的纠结中时，请以此提醒自己。

3. 留心观察生活中偏离轨道的迹象，然后做出计划，重回正轨。

Feel the Fear...and Do It Anyway
惧动力：拓展自我的根本力量

chapter 08

生活如棋盘，
必须由不同格子组成

对任何关系来说，每个人都是独立的存在，
彼此不能过度依赖。
对任何个体而言，人生是一张棋盘，
由很多格子组成，缺少一个固然带来遗憾，
但不影响生活的丰富。
所谓充实，就是不断增加生活的格子，
并尽量将这棋盘填满。

过度依赖，是痛苦之源

"没有吉姆我活不下去，他是我生命的全部！"当露易丝对我说出这句话时，她的丈夫已经向她提出了离婚。

露易丝是我的一位学员，她和丈夫结婚五年，婚变让她痛彻心扉，自从吉姆离开家后，她的生活更是完全崩溃，陷入无边的空虚和绝望之中。然而在我看来，露易丝的表现，恰恰部分解释了他们婚姻破裂的原因——露易丝过于依赖她的丈夫。

每个人都是独立的存在，没有人可以成为另一个人的全世界。夫妻之间需要相互扶持，同时也必须保持独立性，如果把扶持变成了依附和寄生，就会限制彼此的自由，其中至少一方会忍不住逃脱。

露易丝觉得没有吉姆自己就活不下去，这是一种依附心理，也说明他们的婚姻可能更多的是一种寄生关系，她是寄生者，而吉姆是寄主。寄生者觉得寄主就是她的全部，而寄主则被拖累，不堪重负，深感窒息。很多婚姻的解体，都是因为一方感到被另一方严重依附或者控制，没有了自我成长的空间和自由。

独立是成长的终极目标，无法摆脱寄生心理并走向独立，就很容易滋生破坏性的情绪，因为任何不能独立的人，心中都积压着恐惧、自卑、羞愧和愤怒。当然，我们依附的对象不一定是人，也可能是其他上瘾的事物，比如酒精、毒品，还有疯狂工作等。

鲍伯是一位公关部门的主管，就像露易丝依附丈夫一样，鲍伯把全部生活都寄托在工作上。病态依附并没能让他享受工作，反而饱受折磨。在他看来，工作是唯一，其他的一概不重要。而人越是把一件事情看成"唯一"，就越害怕失去它。所以，在工作中，鲍伯总是表现得小心谨慎，不敢尽情发挥潜能，缺乏创新和开拓精神。

后来，在一次裁员中，鲍伯被炒了鱿鱼，他顿时遭到毁灭性的打击，甚至产生自杀的念头。显而易见，鲍伯的生命线被切断了。事实上，很多人都和鲍伯一样，过于依赖工作来体现人生价值，以至于一旦失去工作，生活就瞬间崩塌，一个明显的例子就是一些老人在退休不久，就郁郁寡欢以至撒手人寰。

除了依附伴侣和工作，还有人依附自己的孩子。简妮是一位全职太太，把孩子视为生活的全部。在外人看来，她是标准的"好妈妈"，她总是在家里等着孩子们放学回来，满足他们的所有要求，而对于自己这种把孩子永远放在第一位的做法，她感到非常自豪。

如果简妮对自己坦诚点的话，会发现她对孩子是一种病态的依附。她极力让孩子们依附她，本质上是她想通过孩子们的依附，来感受自己的存在，证明自身的价值。如果孩子们不再依附于她，开始走向独立，她就会感到空虚、寂寞和恐惧。真正了解她行为的人，会明白这种做法的副作用——支配欲、过度保护、自以为是，以及利用孩子们的愧疚感来操纵他们。简妮经常对孩子们说，她是多么无私，又是多么爱他们，但她的无私和爱都是一种羁绊，阻碍了孩子们的成长。然而，无论简妮如何阻止，孩子们终究还是会长大成人，开始独立生活，简妮届时如果还不能改变内心的依赖，则不得不在空虚和无助中煎熬。

简妮的问题，并非出自全职太太的生活方式，留在家里照看孩子本身没有问题，问题是不能把孩子当成自己生命的全部。一位母亲一旦把孩子当成了生命的全部，即使是上班族妈妈，也与简妮没有区别。

如果父母不明白这一点，与孩子形成依附和寄生的关系，对双方都是灾难。一方面父母的自我无法拓展，另一方面，父母沉重的情感寄托，会对孩子造成难以承受的压力，让他们步履艰难。

露易丝、鲍伯和简妮潜在的共同情感需求，都是病态的依附。

Feel the Fear...and Do It Anyway
惧动力：拓展自我的根本力量

当他们失去依附的对象后，就会感到失落、恐惧、空虚和绝望。我敢打赌，我们大部分人都曾一度有过类似的经历。如果你经历过，我相信你能理解其中滋味，更糟糕的是，我们找不到让自己感觉变好的办法。

这就引发了一个问题：在遭遇人生的重大失去时，真的存在能帮助我们摆脱失落和空虚的方法吗？

方法自然有。在本章接下来的内容中，我们就将探讨这些方法。

打造不怕失去的人生

步骤一：搞清自己的空虚从何而来

首先，我们要明白，自己生活中的哪个领域会引发最大程度的空虚。弄清楚这一点很重要，我们将由此明白自己可能正依附于哪种关系。

如果我们发现自己把爱情当作了生活中最重要的事，失去爱情会痛彻心扉，陷入无边无际的空虚，失去其他则无所谓，我们的生活看起来就会像下图这样：

只有爱情的生活

爱情

露易丝便是爱情至上者，对于很多像她这样的人而言，如果"爱情关系"没了，生活就会变成这样：

失去爱情的全部生活

一片空白！

这时候，我们会觉得自己的人生完了，全无意义，没有盼头。为了摆脱这种痛苦，我们会迫不及待投入另一场恋情，以便填补内心的空白，而新任到底适不适合自己，此刻变得根本不重要了。而这样仓促的恋爱，必然后患无穷，最大可能是陷入和上次一样的循环。

当我们的生活里只有一样东西，那这件东西对我们而言，便是牢笼。我们会极度恐惧失去它，一旦失去，便完全丧失行动力。我们必须改变这种状况，让自己拥有充分的惧动力，不因失去任何东西而停滞生活。

步骤二：扩展自己生活的棋盘

生活并非只有爱情，当然，也并非只有工作或其他，下面这幅图，便展示了另一种生活模式——独立丰富的全部生活：

独立丰富的全部生活

贡献	爱好	休闲
家庭	独处	成长
工作	爱情	朋友

独立丰富的生活，绝对不会只有一个格子，如同棋盘，一个个格子星罗棋布，内容丰富，成为我们的诸多支点。即便其中一两个坍塌了，生活也不会就此完结，依然能呈现出欣欣向荣的姿态。

我的另一位学员南希，便有着这样的生活。她总是充满活力，即使生活中发生些变故，她也能凭着自身的抗挫力让状态维持稳定。而且，她的这张版图还在继续拓展，这让她更加不惧怕任何变化与打击。假如南希失去了爱情，虽然也难免感觉孤独，但必然不会像露易丝那样全面崩溃，她依然会有精彩的生活，依然会感到喜悦和成就感，就像下面这张图所示：

失去爱情时的生活全貌

贡献	爱好	休闲
家庭	独处	成长
工作		朋友

当我们拥有众多格子时，即使一个格子被挖空，我们的生活依然是美好而健康的。

我在课堂上说出这个观点时，有位学员却表示反对，她说她也有很多格子，比如家庭、孩子、工作、朋友等，但是对她来说，只有爱情才意味着一切。我告诉她，如果她有这样的感受，证明她的生活依然未能达到独立丰富。她需要改进，比如在其他方面投入更多精力和情感，享受生活的每一个部分，而不是把自己的快乐局限在一个格子里。

步骤三：投入当下之事

上面所说的"投入"，是百分百全神贯注的意思。对图表中的每一个格子，对每一件我们能做的事情都要如此。比如，当我们工作的时候，便全力以赴，不为其他事情分心；当你和家人在一起的时候，就全心全意，不去想着工作邮件或电视里的棒球赛；和朋友在一起时，实施自己的爱好时，每一个格子，都需要我们高质量地去完成。

对于这一点，我的学员珊迪却存在顾虑。她现在的工作是临时的，以后她想找个更好的工作。而且，她烦透了现在的工作，巴不得早点离开。这种情况下，她可能做到全身心投入吗？我的回答是，投入工作，并不代表对一份工作永久不变，而是在其位谋其事，让自己体会全心全意的乐趣，以此提高当下的生活品质。

我给珊迪推荐了一个具体的方法，那就是尽量在工作中显得自己很重要，比如完成每天定下的目标；和同事以更友好的方式相处；参与创造更愉悦的工作环境。珊迪表示愿意试一试："那样的话，我应该会准时上班的。"

第二周，珊迪来上课时带着掩饰不住的兴奋。她解释说，她带了盆栽和画去办公室，小小的工作环境立刻焕然一新；她赞美和帮助周围的人；每天离开办公室之前，都会制定好第二天的目标。仅仅一周过去，她就惊讶地发现，自己完成的工作量竟然是以前的两倍，她甚至喜欢上了检查自己的任务清单，偶尔有任务没能当天完成，她也会在第二天迅速补上。

珊迪的同事们也都对她刮目相看，一个同事竟然怀疑她是不是吃了什么让自己兴奋的药物。而就在这个过程中，珊迪开始享受工作了，这种"显得自己很重要"的态度，给她带来了诸多好处：比如自己不会再在工作中感到空虚和懈怠，反之，满足感和活力油然而生；还有自尊心的提升；还有换工作时的良好声誉；同时，也是最重要的一点，珊迪确信自己也能有所作为，她已经开始掌控自己的力量。

珊迪的故事说明，当我们投入地去做一件事情，付出自己的精力、热情和智慧时，这件事情便闪动着你生命的价值。

在这里，我们要忘记自己以前对"投入"的一些认识，我们所说的"投入"并不是一辈子只做一件事，而是做任何事都能全情全力。比如，当年我在流动医院担任执行总监时，感到十分快乐和满足，但8年后，我依然发现自己想要挑战其他工作。但正因为我做到了充分投入，所以即使准备离开，我依然尽心完成每一天的工作。我找到了合适的继任人选，逐步将工作进行交接，我带着继任人慢慢熟悉理事会，总之，我并没有因为自己卸任而懈怠，我让每一个人都为我的离开做好了准备，确保医院在我离开后依然能正常运转。

在那两年的过渡期内，每天下班后，我就全身心投入我热爱的心理学，在业余时间，我讲课、写作、提升自己的心理治疗水平。正因如此，两年后当我离开流动医院时，我也能信心满满地去做一份新工作。

这个原则在亲密关系中也同样适用。没人知道一段爱情或婚姻能持续多久，但我们依然必须全身心投入，即使在决定放手之前，也要如此。只有这样，我们才不会为当初怠慢了对方而后悔，这段感情才算是有始有终地完结。

有些人可能注意到，棋盘中有一个格子里写着"贡献"。相信必定有人对此有所疑惑，不明白这个"格子"的意义是什么。"贡献"之所以是我们生活的一部分，是因为每个人都在有意无意地改变着我们的世界，然而这"贡献"并非是让我们必须成为甘地、马丁·路德·金或者爱因斯坦那样的人，而是让我们明白自己并非无能为力，自己的存在于世界是有意义的。

同样会带来困惑的，还有"休闲"这个格子，这个格子不仅难倒了不少学员，我自己也需要时时提醒自己。很多人都是成就导向型的人，能很好地安排工作，但一到放松和享受时却无所适从，尤其是独自一个人的时候，总感觉应该做点事才行。我们需要知道的是，享受独处的时光也是生命中的大事，有张有弛，我们的生活才可能真正独立又丰富。

为此，我还发明了"假时"的概念，就是"假期"的迷你版本。我允许自己每天最起码有一个小时的时间给自己放假，完全放松。我可以看杂志，去海边走走，或是在最爱的超市购物，而我常常能在放松的时候迸出一些好想法。

在这张棋盘上，每一件事都很重要，也都需要我们全情投入，好好对待。当我们学会用生命去做一件事的时候，我们的生命也就在自己的棋盘上不断展开。

制作自己的棋盘

现在，我们已经清楚了生活棋盘的概念，并且认识到了它的作用和意义，这张棋盘将指导我们的行动，极大增强我们的惧动力。下面，我们就看看，该如何才能画出自己的棋盘，并让这棋盘运转起来。大致说来，有下面 7 点需要注意：

1.**迅速跳出恶性循环。**请认真审视自己过去的经历，看看自己在面对失落时，是否总会采取以下处理方式——极力弥补失去的东西。

最典型的例子，就是有些人每次失恋后，都会马不停蹄地寻找下一个。当然，这种状况并不是爱情的专利，一个人如果在任何领域中，总是忙不迭地用新的弥补旧的，生怕出现空档期，那么便是进入了恶性循环。

之所以叫恶性循环，是因为这样迫不及待的选择，我们没有经过反思、改善与沉淀，带来的结果通常并不好。如果你感到这情节并不陌生，说明你还没有建立起自己的生活棋盘。

2. **建立自己的生活棋盘**。找出一张纸，先画一个九宫格，就像下图那样，将自己的生活仔细思索一遍，然后在格子里填入需要的东西。可以放些悦耳的音乐作为伴奏，并且让自己处于一个不受打扰的环境下，营造出一种仪式感。

3. **当棋盘填满以后，选一个制定执行计划**。选定一个领域，作为我们行动的开始，然后闭上眼，想象一下我们希望在这个领域达到怎样的程度？我们会做些什么？会怎样和周围的人相处？我们会产生怎样的感受？睁开眼，用笔记下刚刚的那些想法，不

要遗漏任何细节。

4. 行动是成功的关键。空想无益于成长，我们不能只把计划写在纸上，还必须去实践。而这一步也是最容易受到干扰的一步，旧有的认知会突然现身，干扰我们的行动。

比如，当我们在学习一门课程时，或许会突然思念起分手不久的前任，甚至会幻想和对方重归于好。我们一定要把自己从走神中拉出来，告诉自己："去他的，我来这里是学习的！"你将慢慢能够专注于手头的事，认真听课。而这样坚持下去，你会发现，内心对于已失去事物的依附感逐渐消失了。

当我还年轻的时候，曾这样告诉我的朋友们："如果我的'男神'打电话来找我，我就不能继续和你们玩了。"回想起来，我当时的做法真是既愚蠢又伤人，而今，在我变得成熟以后，不会再如此不尊重朋友。而男性朋友在知道我不会为了他们而毅然取消别的安排后，也不再把我当成填补空白的"备胎"，而是会提前几天甚至几周约我。

无论我们第一个付诸行动的是哪个格子，都要记住"百分百投入"，用热情激活这个方格。

5.每一个格子都重复步骤 3 和步骤 4。成功激活一个格子后，要将这种生命力拓展到整个棋盘。在每一个格子不断重复步骤 3 和步骤 4，一幅幅鲜活多彩的图卷就此展开。

6.专注于其中一个格子时，可以暂时忘记其他格子。当我们激活了所有格子后，我们的生活会更加平衡。不过，我们很可能无法每天都覆盖到每一个格子，所以，在很多情况下，我们要允许自己排列格子的先后顺序。比如，当我们度假的时候，就可以忘记其他格子，尽情享受就好。我们追求的是总体上的平衡，而不是每天必须将每个领域都照顾到。我的学生简妮对此有过精辟的点评："如果你的付出千篇一律，那么你得到的回报也不会有所不同。"

7.勇敢寻求外界帮助。如果你发现自己很难激励自己，之前讲过的互助团体，便是很好的催化剂。这个互助团体可大可小，我们可以加入某个专门的组织，也可以找一个"进步伙伴"，一旦结成互助关系，我们可以一起讨论彼此格子里的内容，包括目标和行动计划等，这样能更快地帮助我们确定目标和坚定决心。

以上 7 个注意事项，能够帮助我们画出自己的棋盘，并且让棋盘真正运转起来，而在此过程中，我们还需要时常问问自己："我的生命足够丰富吗？"将生活棋盘中的每个格子都填满，为自己创造充实感，如此，便没有任何一个格子可以剥夺我们生活的完整性。当棋盘运转起来，我们的惧动力也就生生不息。

chapter 09

当我们接纳命运时，
命运就已经开始了改变

无论生活怎样撞击我们，
请点头接纳心中的恐惧。
接纳并非代表忍耐与停滞，
而是正视与尊重，这是改变的开始。
把痛苦作为必要的一部分，
让生活这条河流带我们去经历一切，
并从一切中汲取能量。

接受恐惧，是培养惧动力的前提

在我培养惧动力的过程中，最有价值的经验之一就是：接纳命运的馈赠。

这句话是我的老师珍妮特·朱可曼对我的一位男同学说的，那位男士一直抱怨生活不顺。我很好奇珍妮特为何会如此建议，她这样回答："很简单，无论生活怎样对你，别摇头，只要点头就行。接受，而不要拒绝。"这话第一次听让我觉得不可思议，后来多年过去，我才明白这句话具有强大的能量。

在我看来，"命运"指的就是生活本身的轨迹，是存于理智之外的道路。无论我们如何精细打算，处心积虑，命运依然会以自己的方式运行着，一次次搅乱我们的计划。它是生命中一股流动的力量，难以捕捉，也无法控制。

这么说或许有些抽象，不如举个例子，我们会经常遇到这种情形：当一切都准备就绪，却被突如其来的事情将所有安排全盘推翻。正是这种无法预料的事，让我们受困于恐惧，甚至只要想到可能会发生的不确定，就会由衷害怕。继而，我们形成了一种习惯，那就是总会把事情往最坏的方面想。

如果你也有过这样的心理，请记住：

接受恐惧，是培养惧动力的前提。

接受，并不是让我们逆来顺受，而是勇敢接纳命运给我们带来的机遇，用不同的方式看待世界。

接受，意味着身体上的放松。这样我们才能冷静地分析情况，消除焦虑、恐惧和沮丧，而且对健康十分有益。

与接受相对的是拒绝。拒绝，意味着拒绝承认现实，并将自己设定为受害者。"这怎么会发生在我身上！"我们会如此说。

拒绝，意味着打断、反对并抵抗我们可能获得的成长与机遇。

拒绝，带来了紧张、疲倦和没必要的精力消耗，我们的情绪起伏不停，直至精疲力竭，失去动力。我们会说："我无力应对，我处理不了，我走不下去了，没希望了。"

我们所要接受的，不仅是日常生活中的失望、拒绝和错过的机遇，不仅是诸如一场感冒、渗漏的屋顶、堵车、车胎漏气、不情愿的约会等常见小事，更包括接纳我们内心深处最黑暗的恐惧。

我曾经从查尔斯身上，看到了这种强大的接受能力。他在纽约的贫民窟长大，一度被人们视为铁骨铮铮的"硬汉"，在一场街头斗殴中，他被子弹打伤了，落下了严重的残疾，脊椎碎裂，下半身完全瘫痪。

当我遇到查尔斯的时候，他刚刚在康复中心完成了康复训练，想在流动医院找到一份工作，希望能够教孩子们避免遭遇自己这样的悲剧。于是，他成了我们的员工，后来，还成了身边所有人的精神动力。

一天我走进一间教室，发现一群孩子围着查尔斯。他在回答孩子们看到残疾人士时会有的各种尖锐问题——

"不能走路是什么感觉呀？"

"当我遇到坐在轮椅上的人时，我说点什么好呢？"

"你怎么去卫生间呢？"

查尔斯也问了大家一个问题："你们觉得一个残疾人最需要的是什么？"一个小男孩抢先回答："朋友！"

"没错！"查尔斯回答。

于是所有孩子一齐蹦跳着抱住查尔斯，大喊："我是你的朋友！"

我不知道谁能从这节课中学到更多东西——是查尔斯，是孩子们，还是我。

Feel the Fear...and Do It Anyway

惧动力：拓展自我的根本力量

还有一次，我们为一群新来的老年人举办宴会。尽管场上有一支三人乐队助兴，但是老人们仍然迟疑不定，没动起来。突然，查尔斯摇着轮椅到房间的中间，跟着音乐"跳"了起来。"大家一起来啊，我都能跳舞，你们肯定也可以。"几分钟不到，房间里就是一片欢声笑语了。在他的感染下，隔阂的坚冰逐渐融化，人们亲切地交流起来。他每时每刻都在向我们展示，只要接纳命运，任何事都能创造出价值。

　　我和查尔斯聊过很多次。他告诉我，在刚瘫痪的那些日子，他万念俱灰："失去行走能力对一个男人而言，是很大的打击，何况还无法正常地排尿排便。"他被带到一家很好的康复中心，但是查尔斯却拒绝接受帮助。中心只能计划把查尔斯送走，给愿意治疗的人腾出空位，而查尔斯的想法恰好在此刻发生了改变，他知道，要是被送回家，自己就连一点机会都没有了。在接受命运和抗拒命运之间，他选择了接受。

　　做出选择后，查尔斯进步飞速，生活也迎来了巨大转机。查尔斯重新订下了自己的生活目标：对处于困境中的人们施以援手。他常常这样鼓励别人："如果我这样都能做到，那你一定也能做到。"查尔斯向我坦言，有些时候，他反而感谢自己的残疾，这让他认识到了自己也能为身边的人做出贡献，而在此之前，他并没有意识到自己的生活是有意义的。

了解痛苦，是对生命的尊重

当我在课堂上向大家介绍"接受命运的馈赠"的概念时，一位学员问了我一个有趣的问题："如果总是愿意接受命运，是不是就能够避免痛苦？"猛一听似乎有些道理，只要说服自己全盘接受命运，不做他想，似乎便不用承受现实与设想的割裂之苦。

而我经过仔细思考后，对她说："不，即使接受命运，你依然无法避免痛苦，但你可以接纳痛苦，把痛苦作为生活的一部分来理解。"接受命运不等于不痛苦，而是不会因痛苦而陷入受害者心理。遇到糟糕的境况，我们感到痛苦是正常的，证明我们还有正常人类的思维和痛感，然而，这时我们既可以选择停在原地痛苦地翻腾，也可以选择面对痛苦、面对逆境，提升惧动力。听完我的话，学员眼睛一亮，高声说道："我懂了！你的意思是，与其拒绝痛苦、怨天尤人，不如痛定思痛。"这正是我想表达的。

当讨论愈加深入之后，学员们慢慢发现，他们也都曾在某些时候接受过痛苦，只不过当时没有意识到。

娜丁想起几周前的一天，她回忆起去世不久的母亲，失去至亲的痛苦瞬间袭来，她想起和母亲在一起的时光是那么温馨甜蜜，哭到不能自已。哭泣的时候，她却不知为何，想要对母亲一遍遍地说"谢谢"。娜丁的感谢之情，便来自她对痛苦的接纳。娜丁知道，人生总要面对许多离别，这就是生活。她也知道了"拒绝"和"接纳"的区别所在：与其把至亲的离世视作灾难，不如感恩上苍让她们有缘成为母女；与其把死亡看作不公的剥夺，不如把它视为生命的自然过程。

贝琪则记起了目送儿子上大学时，吻别那一刻的痛苦和甜蜜。当时她眼中噙满泪水，看着他走向自己的新车，她知道，以后儿子只会偶尔回家拜访了。不过她更知道，自己是时候放手，让孩子独立成长了。她接受了分别，因为这就是生活本来的样子。贝琪让自己哭了一会儿，但是很快就擦干眼泪，打算准备烛光晚餐，毕竟，这是这么多年来，她第一次有机会和丈夫独处，值得当成蜜月来过。

很多父母都对孩子的离开讳莫如深，当分别之日终于到来，他们目光所及之处，只有空荡的房屋和空虚无望的生活。他们抗拒变化，也无法开辟新的道路。相比起来，贝琪则用行动证明了人在面对失去时，能够接纳痛苦，并能燃起新的希望，继续前行。

玛姬讲述了丈夫过世给她带来的痛苦。她怀念丈夫和他带来的温暖陪伴，但她知道，当她失去依靠时，必须从依赖他人变得独立自主。她同样拥有惧动力，因此虽然失去挚爱，也创造出了新的生活。

我的一个朋友和玛姬的反应则完全不同。妻子逝世后，他始终萎靡不振。五年之后他仍会在电话里哭诉："她为什么要抛下我？"他拒绝结交新朋友，拒绝尝试新机会，拒绝接纳丧偶的痛苦。可惜的是，命运并不会为其所动，他只能在痛苦中停滞，毫无起色。

可以说，我们应对周边世界的能力，决定着我们接受命运和痛苦的能力，也关乎着我们的惧动力。记住：

了解痛苦非常重要，否认痛苦无异于消耗生命。

直面痛苦，才能浴火重生

爱丽丝是个竭力避免痛苦的人。她的儿子在 12 年前的一场车祸中夭折了，多年过去，她从来不愿正面面对这件事。一个突出的表现就是，朋友们一度都以为她恢复得很好，可失去儿子 3 年后，爱丽丝就患上了癫痫。人们最开始并没把这和她儿子的去世联系起来，但之后 9 年过去了，癫痫发作让爱丽丝不仅无法正常工作，和丈夫以及其他孩子的关系也每况愈下。

爱丽丝最终选择去寻求帮助。最初治疗时，当她被问及是否经历过什么重大事件时，她提到了儿子的意外身亡，但是随即又说这件事过去很久了，对自己现在的生活影响很小。咨询师知道，事情并没这么简单，于是想方设法让她回忆那段经历，直到这时，爱丽丝才终于流露出了悲伤。

在接下来的每次治疗中，爱丽丝都继续面对内心的痛苦。接下来，奇迹发生了，困扰她多年的癫痫，竟然在五周之内就消失了。之后，她很快就找到了一份不错的工作，并且致力于修补自己的家庭关系。

我们或多或少都认识一些不愿直面痛苦的人，可能我们自己就是这样的人。当我们察觉不到痛苦的时候，不代表痛苦不存在，很可能是这些情绪被压抑了下去。压抑痛苦的结果，或者会转化为身体上的疾病，或者变成情绪上莫名其妙的愤怒，以及其他具有同等破坏力的事物。直面痛苦，意味着充分感受痛苦，触摸它，拥抱它，任它融入自己。然而我们在充分感受的同时，更知道自己迟早会跨过这道坎，并且有所收获。

随着讨论继续，我和学员们产生了一个有意思的想法：拥有的越多，就越有可能经历失去的痛苦。比如一个人拥有很多朋友，就意味着要面对很多离别。我们越是深入这个世界，也就越有可能经历失败和拒绝，一旦拥有了惧动力，即使我们明知会遭遇更多的痛苦，也会乐意去多尝试、多体会，将生活的棋盘装得满满当当。

在惧动力的作用下，丰富的生活虽然糅杂着痛苦，其幸福程度却也和痛苦程度成正比。与之相比，否认命运的人也常常远离了生活，为了避免承受痛苦，他们藏在壳里，体会不到生活的趣味，成了恐惧的奴隶。

曾经有朋友送了我一本书，是维克多·弗兰克所写的《寻找生命的意义》，还记得朋友当时真诚地告诉我："我觉得你真的需要读读这本书。"我飞快地扫了一下内容简介，发现这本书讲述的是作者在集中营里的经历，我一下子就感到很难过，这并非是我喜欢的主题，迟迟不敢打开阅读。那时的我，正是把生活视作一座最恐怖的集中营，无论是心理上、身体上还是精神上，就在我准备把书藏起来的时候，耳边又响起了朋友的话："我觉得你真的需要读读这本书。"朋友这么说，肯定是察觉到了我的一些不对劲，她是怎么看出来的？出于这一层好奇心，我打算从书里寻找答案。

一开始，我阅读得异常痛苦，书中的描述挑战着我的泪腺，眼泪止不住地往下流。而当我继续读下去，感觉也就不再那么艰难了，我的心开始明亮起来。在那样严酷绝望的环境中，弗兰克和很多与他命运相似的人都面对了集中营的生活，在痛苦中找到了生命的意义，从经历中寻找到了自己的价值。弗兰克写道：

集中营的经历，让我明白了人的确是有选择的。我已经见到了数不尽的英雄行为，证明消沉可以被克服，愤怒可以被化解。即使心灵和躯体处于重压之下，一个人仍然可以保持自由精神和独立思想之火种。在集中营住过的人们依然记得，有人走动于营舍之间，安慰别人，分享自己的最后一片面包。他们或许只是少数，但足以证明，一个人拥有的任何东西都可以被剥夺，唯独自由不行。在任何境况下，人都可以决定自己的回应，这种选择的自由，是一个人的终极自由。在这条路上，他接受命运赐予的一切，背负起沉重的十字架，然而这条路也潜藏着机会，让他在最为艰难的境况中，找寻到生命更深刻的意义。

读完最后一页，我知道自己的内心发生了变化，这些变化具有逆转性，我再也不会陷入之前那种强烈而无端的恐惧之中了。

弗兰克的经历已经是我能想象到的最坏情况，既然他都能从自己的经历中浴火重生，我想其他人也一定可以创造出更多可能。觉醒的关键，在于意识到自己拥有选择权。

如果可以选择的话，我相信弗兰克不会自愿拥有这样一段经历，但这是命运的安排，他无法逃脱。就像我们之前说了无数遍的——无法控制世界，但是我们可以控制自己的反应——我们可以拥抱命运，并以此培养出我们的惧动力。

我的一位学员对此表示过他的担忧："如果接受一切，那我们就不会改变这个世界不合理的地方了。"我告诉他，接受代表着正视，拒绝意味着抗拒。我们只有先正视现实，才能找到方法，去改变现实中不合理的地方。一味抗拒会蒙蔽我们的眼睛，让我们看不清现实，因此也抓不住改变的机会，最终沦为不合理的受害者。就像心理学家卡尔·罗杰斯说的："一个有趣的悖论是，当我接受自己原本的样子时，我就能改变了。"

事实上，惧动力是由两部分组成的，第一部分是"即使感到恐惧"，这部分是指接受恐惧，感受恐惧，不抗拒，不回避。第二部分是"我也能够应对"，这部分是指我们并不会被恐惧吓倒，而是深信自己一定有应对的方法，并积极采取行动，发现机会，解决问题。

接受现实并不是屈服现实，而是先去充分了解现实，并在逆境中寻找具有建设性的解决方法；这是一种主动应对，而非被动承受；是张弛有度的心理弹性，不是被击垮打倒；是睿智地审视每一个可能，做出最利于成长的选择，并带着恐惧一路前行。

请记住：

当你选择接受命运的时候，你已经赢了。

如何接受我们的命运

下面这些具体的技巧，会帮助我们更好地接受自己的命运：

1.关注自己的抗拒。以各种方式让头脑保持清醒，提醒我们去注意自己的抗拒，这些抗拒是重要的信号，证明有些事情我们还无法面对。

2.接受自己的觉醒。对于我们捕捉到的抗拒信号，要深信不疑。这种信任会带给我们更多积极的东西，我们会感到安心，还会认为自己有能力应对。

3.彻底放松身体。身体对情绪能够起主导作用，所以，可以注意自己身体的哪些部位正紧绷着，然后逐渐卸去这种紧张感。

4. **不管是什么经历，想办法从中创造价值**。停止对结果的期望，并问问自己：我从这次经历中能学到什么？我怎么才能把这次经历转化为优势？怎么利用这次经历让自己变得更好？只要有积极的倾向，就能够确保好的事发生。

5. **对自己多点耐心**。别因为你一时还无法做到拥抱命运，就对自己失望，你要相信自己最终会摆脱颓废的状态。

6. **从小事开始练习**。很多小事看起来和恐惧没什么关系，却为我们提供了难得的练习机会。比如，当你因为堵车而怒气冲天的时候，请提醒自己，自己正在拒绝现状。一旦意识到这点，我们就能接受现状，放松身体，然后想办法从现状中挖掘出价值，比如利用堵车的时间做点利于自己的事，比如庆幸自己此刻不用坐在办公室里听上司唠叨。当然，我们还能从中得到个教训：下次一定要早些出门。

生活提供了很多机会帮我们练习"接受命运"的技能。孩子把奶打翻在地上，秘书弄丢了你的信，洗衣工毁了你的套装，被好友放了鸽子。总之，每次发现自己抗拒正在发生的事，我们就要提醒自己"接纳命运的安排"。

一旦熟练掌握了每天的练习，我们就准备好了应对那些更严重的问题。这时我们会发现，自己内心的恐惧正慢慢减少，自信心则与日俱增。我们能从不可能中看到可能，看到所有的事情都有原因和目的，看到这个世界是如此平和而完美地运转着。

巴利·史蒂芬曾为他的书取名《水自东流》，意思是停止对抗生活，学会放手，不要与水搏斗。在这样的生活模式下，我们即便面对失去，也能获得，因此，我们从不会真的失去什么。

chapter 10

让心理能量
像水一样流动

心理能量像水一样，
需要通过"获取"来充实水源，
更需要通过"输出"让能量流动。
人一生中最重要的一课，是学会如何给予，
那里隐藏着提升惧动力的答案。
而不求回报的给予，
往往都有着丰厚的回报。

输出越多，获取越多

如果把我们的心理能量比喻成水，想让内心不堵塞，便要让水流动起来。

何谓流动？简单说，就是有进有出。而不同于现实中的水站，对我们的内心世界而言，我们输出的越多，获得的也就越多。可以说，我们是否能拥有心理能量，取决于我们内心的输出状况。

什么是输出？就是主动表达我们的真实情感，比如感谢那些帮助过我们的人，或对伴侣或孩子表达爱意等。请注意，这里有两个细节很关键，一个主动表达，一个是真实情感。尤其是"真实情感"这一点，人们常常意识不到哪些情感对自己而言才是真实的。下面这个故事，就能很好地证明这一点：

一天早上，我在和学员们讨论输出问题时，问了他们一个问题："你们觉得，自己是能坦诚表达内心情感的人吗？"他们全都点头称是。我知道这些学员都已结婚多年了，于是，我给他们布置了一项作业——回家后对伴侣说谢谢。教室里明显弥漫着异样的氛围，学员们一脸错愕，那感觉，就像是我让他们回家暴揍孩子一顿般不可思议。结婚已经 25 年的洛蒂站起来说道："我凭什么要感谢我的丈夫？他应该庆幸我在他身边！"

"那么，洛蒂，你为什么会在他身边呢？"我问。

"没有我，他会活得一团糟，我要是离开的话，他的麻烦就大了。"她的回答相当含糊。

我并不打算就此打住，而是继续启发她："当你生病的时候，你的丈夫照顾过你吗？""你当家庭主妇的那些年，丈夫是否兢兢业业支撑起了一家人的生活？""每当你遇到难题，是否从他那里得到过安慰和帮助？"在这一连串的提问下，洛蒂有些不好意思地承认，她至今还留在丈夫身边，是因为从丈夫那里获取了很多：陪伴、经济支持和归属感。洛蒂为什么没有一开始就发觉这一点，反而对丈夫怨气冲天？因为她的心理能量没有"输出"，她从未认识，更从未表达过对丈夫的真实感受，一直停留在对丈夫的抱怨中。

我对洛蒂说："你能发现这些，绝对是件好事，回家后请感谢他吧。"

第二次课的课堂上，我说起布置的作业，很多学员都有些尴尬，她们不敢相信自己在对伴侣说出感谢时，竟然会那么难。有的人虽然不情愿，但是好歹完成了作业，有的人则根本做不到。还有的学员告诉我，这种为难不仅存在于伴侣间，当他们想要试着感谢孩子或父母时，同样也很难，他们平生第一次怀疑自己自私义凉薄，是个只愿向内"获取"而不愿向外"输出"的人。

不愿输出，并不代表一个人在亲密关系中没有尽职尽责。我的这些学员承担了家中的很多家务，以及婚姻中其他应尽的义务。但是，任劳任怨不等于愿意输出，在很大程度上，他们只是用"我为你做这个"来交换"你为我做那个"。

这个看似简单的作业，却让学员们发现了这样的结论：获取容易，输出难。我告诉他们，世界上大多数人并不知道如何真正去输出，行为之下常常隐藏着交易的思维。很少有人会真诚地输出而不寻求回报，不管是在钱财，还是爱方面。

你也许会问："想要得到回报有什么错？"我的回答是"没有错"。但是如果我们是为了"拿"才去"给"，就证明我们缺乏惧动力，正深陷恐惧中。因为恐惧，我们想要用给予去控制别人；因为恐惧，我们会害怕自己受到损失；因为恐惧，我们内心的平衡屡屡遭到破坏，以至于怨怒横生。

"真诚给予"为何对我们是件难事

为什么给予如此之难呢？在我看来，有两点原因。第一，给予是成熟的表现，但是大多数人却没有真的长大。第二，给予也是需要学习技能的，但是很少有人掌握其中技巧。因为我们极少意识到自己在行事上并不符合成熟的标准，所以，也很难真正地学会给予。

既然以"得到"为目标的"给予"存在诸多问题，那么，不将"得到"作为"给予"的目标，又能带来什么？

人一生中，最重要的一课就是学会如何给予，那里隐藏着应对恐惧，提升惧动力的答案。婴儿时期的我们只能索取，完全是以接受者的姿态降生在这个世界上的，而那时的我们也必须索取，否则便活不下去。

虽然，父母们也会从孩子的笑容和触碰中得到快乐，但孩子并非是主动的给予者，婴儿不会彻夜考虑"我的好日子全是父母给的，我拥有这么多，明天一定要给他们一个大大的笑容作为礼物"。婴儿能主动给出的"礼物"，最多是因饥饿发出的不耐烦的尖叫声和哭喊。

随着年岁增长，我们越来越独立，能够照顾好自己了。我们自己穿衣，自己吃饭，挣钱养活自己。然而，我们内心有一部分似乎还在襁褓之中，没有随着身体的成长而成长。我们仍然害怕没人来解决我们的需求——对食物、钱财、爱、表扬等的需求。

当我们长久因为这些事情而恐惧时，我们难免无法给予，也无法输出爱。我们会有意或无意地要去掌控，毕竟事关自己的生存。如果别人的需求和我们的相冲突，我们也只会为自己考虑。

当我们妄图掌控全局时，看似是主动出击，其实反而陷入了被动。争夺掌控权时，我们会把自己的价值，完全和别人能否服从我们挂上钩。这等于把自己的喜怒哀乐再次完全寄托在别人身上，还有什么能比这更让人担惊受怕的呢？我们一边希望控制别人，一边忍不住心有余悸地问自己："他会不会一去不回？他会不会有一天不再爱我？他会照顾我吗？他会不会生病或死去？"而"他"是伴侣、是朋友、是老板、是父母也可能是孩子，和每一个经过我们生命的人。

心怀恐惧的人，难以摆脱对于缺乏的忧虑，永远不知满足，因此是无法真正给予的。对他们而言，爱不够、钱不够、赞扬不够、得到的关注也不够——反正就是不够。对匮乏的恐惧也被无限夸大，而且波及方方面面，让我们在任何地方都不敢放开手脚。

值得注意的是，人们在描述心有恐惧之人时，总是会用到战战兢兢、自怨自怜这样的词汇，但是，恐惧的外在表现其实还有很多，例如：

身为下级，总是需要上司肯定。

身为全职太太，总是抱怨丈夫和孩子，自己从来没有独立的生活。

身为职业女性，因对另一半要求太高而单身。

身为丈夫，无法忍受妻子的独立。

身为公司 CEO，做出伤害人且不负责任的决定。

以上这些行为，都出于一种对生存的恐惧，他们不敢敞开心扉，让心理能量流动起来。

如果你从这些描述中看到了自己的影子，便意味着我们要重修关于输出的一课了。自儿时起，我们受到的教育让我们学会的都是输出的表象，而非本质，我们以为给朋友一份礼物、给孩子买来玩具、为丈夫熨了衬衫就算是给予了，哪怕其中不包含我们的任何情感。我们还被教诲要时刻保护好自己的人身安全，不要被别人欺骗或者利用，因此，我们一旦没能得到预想的回报——很可能也是一些表象上的回报，就会感觉自己是被人利用了。

缺乏感情的交流，又锱铢必较，这样的输出，根本无法带动心理能量的流动，人如一潭死水，也就不可能获取到什么。

当然，我并不是说我们不能对回报有所期盼，而是说：

当我们从爱，而不是期望回报的角度付出，回报会比我们想象的多。

若是我们一直渴求回报，生活不免会让我们失望，因为无论我们拥有多少东西，都不可能满足。这个道理，我是直到 30 岁后才明白的。我发现自己拥有的越多，想要的就更多——更多的爱、更多的钱和更多的夸赞，多一些，再多一些。但很显然，无论我做过什么努力，都无法让自己彻底满足。更糟的是，我因此处在一种恐惧状态之中，害怕我所拥有的会突然消失不见，一无所剩。我把每件事情都看成是沙漠中的最后一滴水，为了活下来紧紧抓住不放。

这种紧紧抓住不放的姿态，是缺乏惧动力的典型症状，而没有惧动力便没有前进与成长，又何谈得到回报。相反，当我们惧动力充足的时候，不担心自己的能量枯竭，便会慷慨地给予别人，这种深层次的互动，不仅让我们自己得以成长，也会让我们从各种关系中获得积极反馈，从而获益。

所以我们说：**人总是在感觉富足的时候才会给予，但其实，一个人只有在给予时才会感到富足，而不是给予之前。**

因此，即使我们在付出时感到恐惧，也要让自己持续输出。

输出的6个练习建议

接下来介绍的技巧，可以帮助我们很好地学会输出，我们现在便能开始去做，但整个练习却需要持续一生。这说法或许让人畏惧，可输出练习没有捷径可走。好消息是，这练习效果卓著，我们的个人力量、爱和信任的能力，以及最重要的惧动力，都能得到大幅的提升。

输出感谢

回忆一下，曾有哪些人对我们伸出过援手，他们都是谁，又怎样帮助了你。哪怕对方曾让你不快，也不要因此就无视他们的帮助。就像那位对丈夫颇有怨言的洛蒂，尽管她一开始对丈夫怨声载道，可后来却终于发现，对方在很多方面确实帮助了自己。

握紧拳头，便没办法拥抱，我们有权正视内心的伤害，但也要承认我们有所获得。

在这方面，我的儿子堪称我的老师。有一天，我向儿子道歉，因为在离婚期间，我因为自己的痛苦而忽略了他，没能在他需要的时候给予安慰。他回答我："没事的，妈妈，那段时间我学会了独立，这经历很有价值。"我很意外，也很感动，没想到他竟然会因为我的缺席而感谢我。但我知道，如果这些年他一直对我心怀怨气，绝对不会有这么好的心态。和儿子的对话让我确信了一点，那就是任何人都有可能帮助到我们，包括那些让我们受伤的人。

一旦我们列出了感谢名单，下一步，就是说出自己的谢意。打电话、发信息、写邮件，总之，用各种方式找到对方，并感谢他们对我们的付出。开始我们或许会很羞涩，但很快就会发现，表达谢意会让我们获得快乐。

在很多人的心里，都有一张黑名单，比如前夫、前妻、闹翻了的朋友、苛刻的老板、疏离的儿子或者伤害过我们的父母。对他们表达感谢确实很难，事实上，别说感谢了，我们一想起这些名字就会火冒三丈，甚至想要狠狠报复。

我也曾经觉得，感谢一个这样的人是不可能的，后来，因为我对一位前员工的态度改变，我开始相信存在这样的可能性。那是一位我曾经很信任的员工，但是他背叛了我，这让我异常震惊与愤怒。

我的心里有着满满的恨意，如果那时有人告诉我，我会感谢对方，并希望对方一切都好，我一定会认为那是胡扯。后来，我的愤怒逐渐平息了一些，我开始触碰自己的痛苦，但这却激起了我对自己的不满：我为什么允许这样的人困扰我这么久？又过了一段时间，我慢慢看清楚了他，也看清楚了我，我明白大家都是普通人，都不完美。接下来，最意外但也美好的一刻到来了，我发现自己能够原谅对方，并且，承认了对方值得我感谢。

这个过程持续了大概一个小时，我回忆了我们同事时的往事，坦诚地承认他曾经对工作一心一意，曾经给过我和其他同事以帮助，还曾经帮助公司解决了不少难题，即使他后来变了，但是不能因此否认他身上值得感谢的地方。

我还用同样的方式感谢了我的前夫，当我在想象中能做到感谢他后，我拨通了电话，告诉他，有些事情我一直没告诉他，现在很想说出来，并且邀请他一起吃饭。他很高兴我能打电话给她，于是我们见面了。

我倾吐了婚姻中对他的所有感激，以及他身上所具有的闪光点，他很动容，也说出了我的很多优点。午餐结束时，我知道，之前内心一直不完整的地方被我补上了——那些怨恨、不甘和因离婚带来的自我怀疑，都因为这场谈话而慢慢修复，这让我感觉很好。

如果我们想要感谢的人，已经彻底与我们失去了联系，也没关系，我们可以在脑海里假象出自己感谢对方的场景。想象他们就坐在我们面前，我们与之交谈，告诉他们内心的想法。不要觉得这是在浪费时间，我们是在自己面对自己，也自己治愈自己。

把痛苦和愤怒清理干净，是对自己负责，我们需要为那些更有意义的事腾出足够的空间。对过去的怨恨会投射到现在，这不仅让我们心情压抑，还可能真的让我们的身体生病。

如果你现在觉得自己还不能做到，可以从日常生活中练起，尝试有意识地培养对周围人的感激。比如谢谢同事给你的笑容，谢谢孩子为你画出的画像，谢谢伴侣递来了一杯水，记住，我们很重要，我们的感谢也很重要。我们要主动、真诚地去感谢，而不是消极地等着别人来感谢自己。

输出帮助

当我们境遇不顺时，我们很容易有一种阴暗的倾向：希望痛苦的不止自己，希望看到别人也像我们那样艰难挣扎，甚至比我们还要痛苦。

请务必改掉这个习惯，当发现别人快被痛苦淹没时，不要庆幸"原来不是只有我那么倒霉"，而是尽力给予他人以帮助。不袖手旁观，是需要勇气的，我仍记得自己当年无论如何也不愿和人分享经验，只因为怕对方会在实力大增后威胁到我。

改变思维的武器依然是惧动力，惧动力让我们即使身处逆境，却依然能够平和地对待他人，并敢于分享。因为拥有惧动力，我即使遭遇挫折，依然可以帮助别人，包括我的竞争对手，而其中的一些人后来成了我的朋友，返回头给予了我很大的帮助。这再一次说明：不求回报地给予，往往回报会出乎意料地丰厚。

有学员问我，如果对方在得到帮助后，转头翻脸怎么办？我当然不能排除这样的可能性，但帮助别人本身也是难得的生活经验，我们既可以借机考察自己的能力，又可以甄别出哪些人可以和我们建立起亲密关系，哪些则不能。

在输出帮助时，不能对回报有所预期，因为只要存在预期，就意味着我们将这过程视为了交易，我们会失望，会生气，会怨恨，这些都脱离了帮助的本意。什么是帮助？是我们在施以援手的那一刻，并未想过自己能得到什么，而只是认定在那一刻自己应该这么做，并且因自己这么做，而让心胸变得开阔而满足。

输出赞美

最难以让我们送出赞美之词的，往往是亲近的人，比如伴侣、孩子、父母，还有朋友。这是人际关系中一个很普遍的情况，关系越远的人，我们越能毫无负担地夸奖，越是亲近的人，我们反而只能看到其缺点。

这对我们的亲近之人并不公平，也让我们自己整天活在怨气中，我们会觉得，这些朝夕相处的人是毫无优点的，他们配不上我们的爱。

其实，我们之所以会这么想，很可能是因为我们总是盯着对方不好的地方，人们对于缺点总比优点印象深刻，这也是为何越是亲密关系、越容易爆发矛盾与争吵的原因。但我们不妨换位思考一下，我们是不是会经常希望亲近的人能肯定、支持我们？希望身边的人都能温暖友爱、给予自己照顾？如果我们有着这样的想法，我们身边的人自然也会，所以说：

希望身边是什么样的人，那你就必须成为什么样的人。你必须成为你所想要吸引的那一类人。

有位女学员曾问我："如果我赞美了别人，但是对方对我却恶言恶语，我该怎么办？"直觉告诉我，她应该是遇到了具体的难题，果然，后来她告诉我，她一直想要赢得一个男人的欢心，对他说话百般注意，但那个男人依然对她冷漠之极。我告诉她：首先，她的付出是抱有期望的，而且期望还不小，这更像是精心算计，而不是爱的表现；其次，她觉得只要自己一直付出，那个男人就会明白自己的心意，但是这两件事之间并没有任何必然的因果关系；最后，倘若我们的需求在一段关系中得不到回应，那就带着爱意关掉这扇门，去寻找其他人。

付出，并不是要卑微地讨好，我们自身的需要也要得到满足。我们既有赞美别人的能力，但也要敢于赞美自己，满足自己。

输出时间

时间是天赐的礼物，永远不会嫌多。但怎样才算是输出时间呢？让我们看看大卫的故事。

大卫是我的学员，他曾参加了一个项目，其中一项任务是在圣诞节的时候看望病人。放弃和家人的聚会，放弃欢乐热闹的派对，或者浪漫的约会，和一群陌生的病人待在一起，闻着消毒水的味道迎接圣诞节，这听起来并不是个美妙的夜晚，然而，大卫却形容这是一次让他震撼的启迪之旅："我跳出了平日里的平庸琐碎，进入到了一个不同的地方……更高的地方"。大卫告诉我，他看到了一个昏迷中的小男孩，护士告诉大卫："唱歌给他听吧，他可以听到的。"大卫于是真的唱了，而这种付出让他感到极其美好，似乎生命因此连通了。"

类似的还有我的一位好友，他不幸中风了，却依然坐着轮椅和其他志愿者一起去餐厅，为无家可归的人准备免费饭菜。他爱那段时光，这让他感觉自己很重要，即使是在中风之后，他依然让自己的时间变得有意义。

而我的另外一位朋友告诉我，当他的女儿打开52份圣诞礼物后，却依然不满地说"就这些吗"的时候，他知道，堆满礼物的圣诞节毫无意义，完全可以用购买、包装和拆礼物的时间带女儿做些别的。现在每年的圣诞节，他们都会带女儿去医院做志愿者，女儿也逐渐发生了转变，她不再惦记着自己会收到什么礼物，而是乐意花很多时间亲手制作礼物，然后送给需要帮助的病人。

之前在流动医院工作时，我有很多机会和志愿者打交道。我发现，他们基本可以分为两大类：知道自己重要的，和不知道自己重要的。认知的不同，让他们的状态呈现出天壤之别。

意识不到自己重要的人，参加活动更多是出于一种义务，而

Feel the Fear...and Do It Anyway
惧动力：拓展自我的根本力量

不是给予，支配他们的是"我应该对社会有所贡献"这样的想法，或是向周围人表明自己"有爱心"的目的。当然，他们确实也做出了奉献，但他们并没有做到无私地输出时间，他们是用时间来交换自我满足。正因为他们时刻关注的都是自己，因此，在实际工作中，他们常常是在帮倒忙。更糟糕的是，他们尽管抱着目的而来，却不会从志愿活动中体会到自我满足感和自我价值感。

知道自己重要的那些人，则完全不同。他们不喜欢用言语吸引别人注意，喜欢实干，并且都很坚定，通常不用我们张口，他们就知道该如何帮忙。他们从不迟到，从不爽约，只默默地做好一切，不论事情大小。而他们的行动中总是带着欢欣，因为知道自己对别人的价值。他们付出了时间，但也因为自己的付出而收获了感恩和尊敬。

倾听朋友的倾诉、写一封感谢信、投身到更广阔的事业，或者给孩子读一本书，这些事都值得我们输出时间。当我们无私给予时间的时候，时间也会有所回馈，我们不断扩展了自己的世界，跳出了过去的局限。

输出金钱

钱对大多数人来说都是个难题，无论我们当下有多成功，也无法消除对于破产或贫穷的焦虑。我认识的很多人从出生便衣食无忧，但是却依然对"没钱"这件事充满恐惧。

一位富豪在接受采访时，就曾坦言，他坐拥上亿的资产，午夜却还是会被噩梦惊醒，在那些梦中，他失去了一切。有些人害怕没钱，是因为有过贫穷的经历，不想回到过去；有些人害怕没钱，则恰恰是因为没体会过没钱的滋味，对贫穷有着无限猜测，和莫大的恐惧。

正因如此，输出金钱是很困难的，无论这输出是为了帮助别人，还是为了给我们自己换取更舒适的生活。当惧动力缺乏时，我们心中的惶恐，会让我们将手中的钱死死攥住。

我的一位朋友，在付账的支票上总会写上一句"谢谢你"，这表达了一种态度，我们能从中体会到他的金钱观——付出钱，得到享受快乐的自由，投资自己和别人的自由。事实上，他一直过得慷慨而幸福，因为他的慷慨，让他得以在关系中发挥更多创造力。

我们提倡输出金钱，并不是提倡挥霍，而是学会用金钱带来快乐和安宁。我们得相信，付出金钱时，我们总有办法得到想要的东西，即使生活贫瘠，也能教给我们很多有价值的东西。就像一部电影中的台词说的那样："安全感不是有很多钱，而是没有钱

Feel the Fear...and Do It Anyway
惧动力：拓展自我的根本力量

也能过得很好。"

输出爱心

在我看来，所有"输出"都暗含了爱心，但是专门地输出爱心，则能囊括更重要的元素，到底什么样的行为，算得上是输出爱心？输出爱心，并不是说我们一定要直白地说"我爱你"，当我们不强求别人做出改变时，这是爱；当我们相信别人能够处理好自己的生活，并且不乱插手时，这是爱；当我们放手让别人去成长、去学习，而不让他们感到压抑时，这也是爱。

很多时候看起来像爱的东西，并不是真正的爱，而是需要。正如罗勒·梅在《寻找自己》中陈述的："爱和依赖相混杂，但是爱只和你的独立程度有关，且成正比。"

爱是给予，而给予在很多时候，是放手。放开的是心中那个卑微、怯懦的自我，那个自我不认为我们有能力输出爱，也不认为输出爱能带来什么意义。而要想改变这种想法，我们需要具有惧动力。

想拥有惧动力，先要认同"每个人都很重要"，这信念能形成这样的心理暗示——我很重要，所以我有能力给予；对方很重要，所以配得上我的给予。我们中的大多数人，其实都生活在一个物质与精神相对富足的环境中，我们拥有爱，也能给予爱，只是我们未曾意识到。

要想感受到生活的丰盛，我们要先注意到丰盛的存在。

列出所有让我们感受美好的事物，无论是过去的还是现在的，再小都不要漏掉。从今天起，注意每一件美好的事，哪怕只是朋友的一次称赞、邮递员一个充满活力的"你好"、一片美丽的晚霞、一次付出的机会、一个新颖的发型、一套漂亮的西装或一顿营养的饭菜。

提醒自己去关注所拥有的，而不是缺乏的，让自己感受到时刻身处幸福之中。我在流动医院时，遇到过很多慷慨的穷人。从经济意义上说，他们并不富有，而他们却是精神上的富豪，他们为人奉献时，不仅对方感受到快乐，他们自己也乐在其中，就连旁观的我也能由衷地欢欣鼓舞起来。

爱是支撑人类社会的一大支柱，正是爱改变了那些积年陋习和残酷规矩，带来了我们如今生存的世界。我们所输出的爱，哪怕只对他人和世界产生了一点微弱的影响，哪怕只有一点点，我们的存在便有了意义。在本章的最后，让我们看看萧伯纳对于爱所给予的精辟概括：

生命中真正的幸福在于献身伟大的目标，爆发出自然赋予的力量，绝不做狂热、自私且粗鄙的小人，满腹牢骚，抱怨世界不满足自己的私欲。

在我眼中，我的生命属于整个世界，有生之日能为它效力，是我的荣幸。我希望在死前，能够燃尽自己，因为越勤奋，我就活得越充分。

我为生命本身而欢呼。于我而言，生命不是行将燃尽的蜡烛，而是耀眼的火炬，此刻我持着它，让它更加光亮地传到后世。

chapter 11

高阶自我：
连接更宏大的力量

我们身处生活之中，
却可以活在生活之上。
生活皆由心造，
要相信自己的直觉，
它可以连接更宏大的力量。

什么是高阶自我

在前面，我们学会了不少培养惧动力的方法：改变认知、接纳生活的安排、承担责任、双赢模式、学会给予等。这些方法之所以能奏效，是因为它们全都通往我们的高阶自我。

高阶自我属于精神领域，包含了很多崇高的品质：创造力、直觉、信任、爱、快乐、宁静和灵魂等。有心理学家把对高阶自我的研究叫作"高阶心理学"，也有的人称之为"超个体心理学"。

人生的大多数孤独、焦虑和空虚，源于我们总是从外界寻找人生的动力。当我们自己无法产生满足感时，无论正在做什么、已经拥有了什么，都不会获得平静。一旦我们内心出现强烈的空虚感，证明我们偏离了轨道，需要调整方向，但我们通常认为应该改变的是伴侣、孩子、同事以及所有的他人和环境。

当我们远离高阶自我时，会产生一种莫名的漂泊感，犹如无家可归的人徘徊在寒冷的冬夜街头，四肢百骸都透着孤独、凄凉和迷茫。我们的精神会产生一种渴望，渴望能够"回家"，这便是罗伯托·阿萨焦利所说的"灵魂思乡病"，代表了我们对于归宿感的渴求。而本书提供的方法，则可以治愈"灵魂思乡病"，帮我们找到内心的归宿。

我们现今所接受的教育，以及提倡的文化，全都只关注于智力发育和身体成长，忽略了灵魂的成熟，而灵魂则是高阶自我的必需条件。还有一个现象则是，不少人十分忌讳"灵魂"这种说法，甚至一听到这个词就产生抵触，他们认为"灵魂"必然和宗教信仰有关，这实在是种误解。

我口中的"灵魂"，与宗教信仰无关，而是指高阶自我，以及其中的爱、善良、丰富、快乐、创造力、直觉、平和、充实感和归属感等。我们只有推开这一扇灵魂之门，与自己的高阶自我拥抱，内心才能得到满足。

我们每个人，都真实地感受过自己的灵魂。当我们又一次突破了自我时，当我们感动得热泪盈眶时，当我们敏锐地看穿了别人的痛苦，并为此涌出慈悲之心时，种种类似的时刻，便是我们正经历高阶自我的状态。那些时候我们宽容而宁静，不再执着于"她连谢谢都没说""他总是把脏袜子丢在地上""他为什么不打电话给我"等这些微不足道的小事，而是将精力投入了更值得的事情上。

当我们的高阶自我与别人的高阶自我相遇，尤其是，当我们加入了一个全都拥有高阶自我的群体时，我们会体验到一种难以置信的激情。志同道合者形成合力，会创造出更多的奇迹。

毫无疑问的是，邪恶也能产生力量。但是这力量与高阶自我带来的力量，绝然不同。高阶自我能让我们感受幸福，获得一种归属感，这在本质上是一种爱。而邪恶产生的能量不仅无法带来归属感，反而会让我们渐行渐远。这些能量确实也具有力量，但这力量转瞬即逝，并且会吞噬我们的惧动力，而且能量一旦消散后，我们的失落、孤单和害怕都会加倍。而驱散这些邪恶能量的唯一办法，便是用高阶自我带来巨大的满足感和充实感。

那些所谓的人生奇迹，平凡者的爆发，小人物的逆袭，或从泥沼中东山再起，所有这些，本质上都是高阶自我在发挥作用。举个例子来说，我们所爱的人此刻正被压在车底，我们很有可能爆发出神力，将车抬起来，而在平时，我们可能连饮料瓶盖都拧不开。我经常听到人们说："我都不知道是怎么回事，就发现自己做到了！"他们依靠的力量，正是来自于高阶自我。

高阶自我与纠结之声

介绍完高阶自我，接下来，我们来看一个模型。通过这个模型，我们可以看到在面对同一事件时，高阶自我与纠结之声会各自发挥怎样的作用。而更关键的是，我们从中可以看出，我们是具有选择权的。

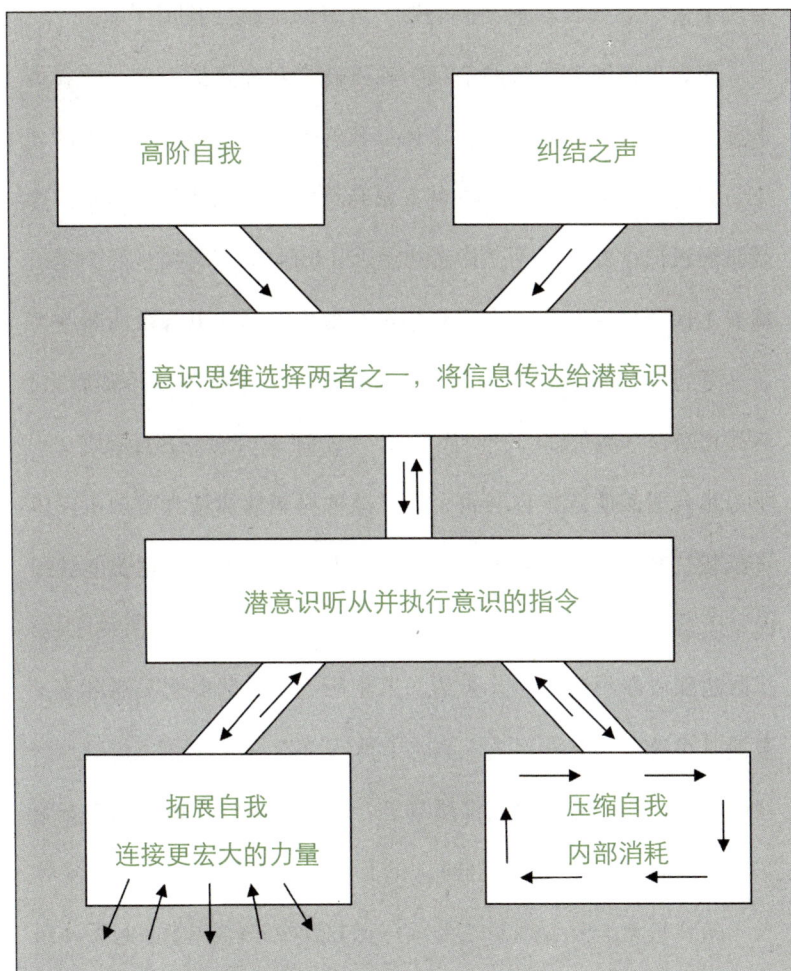

内心的冲突，会让我们发出纠结之声，向我们释放从出生到现在的所有负面情绪，甚至连童年不完整的自我都会在此时跳出来，给我们以阻碍。我们的意识给潜意识所发送的所有命令，只有两个途径，一个来自高阶自我，一个便是来自纠结之声。

潜意识储藏着大量的信息，连接着自身命运的力量，它就像电脑一样储存和寻找信息。比如，我们怎么也记不起一个人的名字，正打算放弃的时候，那名字却突然不知从哪儿跳了出来，这就是潜意识在发挥作用。潜意识从意识获取命令，并且深信不疑，但并不区分黑白对错，也不管是否尊重现实。在第五章的胳膊力量实验中，当潜意识被告知"我很强"时，手臂就变得强有力，而当命令是"我很弱，没价值"时，胳膊很轻易就被压下去了。

如上页图所示，我们的大脑可以选择相信纠结之声，也可以选择相信高阶自我，而本书中所有练习，都是为了让意识能够迎接高阶自我，摒弃纠结之声。

高阶自我一直都在，纠结之声亦然。意识是察觉不到自己正被纠结之声支配的，不过，即使能够觉察，它也通常无能为力，只能顺从。我们需要时刻提醒自己：要相信高阶自我。我们必须一次次地强化这个概念，直到它变成了我们的习惯。

高阶自我与纠结之声，会给我们带来完全不同的生活。纠结之声会带来恐惧，让我们畏缩不前；而相信高阶自我，则会让我们具有惧动力，即使感到恐惧，依然能够让生活充实、丰富、多彩。

为何两者会造成如此大的区别？因为潜意识接到命令之后，就会调动身体、情绪和智力去执行。例如听到"我很弱，我没有价值"这种声音时，潜意识会连接你的身体，使你变得虚弱；连接你的感觉，使你感觉沮丧和无助；连接你的智力，使你认同自己愚蠢。而当它听到"我很强，有价值"的声音时，则会连接你的身体使你变得强壮；连接你的感觉使你变得自信、充满活力；连接你的智力使你思维清晰。

很多人都知道吸引力法则，当我们向外释放出纠结之声时，吸引来的是消耗性的力量，让我们陷入更多的冲突和分裂，感到自己越来越倒霉。而当我们向外释放出高阶自我时，吸引来的会是更宏大的存在，我们与它们连接，消除了内心的孤独感和恐惧感，所以感到自己越来越好运。

生活，皆由心造。我们是选择相信"我无力应对"，并真的失去力量，还是选择相信自己，与更宏大的力量站在一起，全在于我们自己。

奇迹，是高阶自我搭建起的天梯

每个人都有直觉，直觉有时显得散乱而奇怪，却时刻为我们着想，用各种方法连接着我们内心真正渴求的东西。如果我们相信了自己的直觉，便会发现自己的生活中出现了诸多奇迹，很多我们以为不可能获得的东西，不可能实现的目标，都会顺延着自己的直觉，真实出现在我们眼前。简单说：奇迹，源于对直觉的信任。

直觉连接着宏大的力量，一直暗暗帮助着我们，却常被我们选择性忽略。当我开始依据头脑中掠过的想法来做决定时，很多神奇的"巧合"就此发生了。我开设"惧动力培训课"的想法，就是直觉给我的礼物。在很早以前，我有一个模糊的想法——以后要开设一门关于恐惧的课程，当然，这件事被我无限期地推迟了，我太忙了，没时间撰写课程描述和提纲，没时间找愿意开设课程的学校。

一天，我正伏案工作，一句话突然跳进脑海里："去纽约新学院大学。"我感到莫名其妙，并不知道为什么会出现这句话，我之前也没有参加过这所大学的课程，也不认识那里的人，甚至都不知道这所学校在哪里。虽然满腹疑惑，但我还是决定去看看。

当我告诉秘书我要去那里时，她问我原因，我只能回答："不知道！"就这样，在她不解的目光中，我出了门。

出租车把我放在纽约新学院大学的门口，走进大厅后，我问自己："我现在该做什么？"这时，我看到了一块指示牌，上面标着每栋楼的名字，其中"人际关系"四个字顿时吸引了我。又一个声音在我脑中响起："这正是我该去的地方。"

一路走进那栋写着"人际关系学院"的大楼，我发现前台没有人，旁边办公室里有位女士看到了我，问道："您有什么事吗？"我脱口而出："我是来开设一门和恐惧有关的课程。"说完，我自己都被吓到了，并不明白自己怎么就说出了这句话。后来，我就站在了学院领导露丝·范·多伦面前，而她惊讶地看着我，同样一脸不可思议的表情："简直难以置信！我最近一直在苦苦寻找可以教关于恐惧课程的人，今天就是截止日期。"

接下来，她问了我的资质，表示很满意。又让我当场写了一份课程提纲，我照做了，露丝把提纲交给秘书，反复向我表示感谢之后，就去忙别的事情了。

露丝走后，我仍然处在震惊之中。那天，我根本没有开课的打算，而之前觉得会耗费很多时间与精力的提纲，我只用了 12 分钟就完成了。露丝·范·多伦正想找一个人来开课，而我正好想要讲课，我们一拍即合，事情的过程听起来神乎其神，但我确实做到了。

后来我明白过来，是直觉将我带到了纽约新学院大学。按照常理，我应该去本科时就读的亨特学院，也可以去获得博士学位的哥伦比亚大学，这两个地方我都有认识的人。总之，我之前并没有考虑过纽约新学院大学。

这次开设课程，成了我人生的一个重要转折。我由此获得了巨大的自信心，并且辞掉了十年之久的工作，成了一名教师和作家。相信你们已经猜到了课程的名字，就是"惧动力培训课"。

我们听过很多有关直觉的"奇迹"——危机时刻被拯救的生命、机缘巧合之下的团聚等。我们总以为奇迹来自于神秘力量，而我们不过是个被上天选中的幸运儿，但其实，奇迹是我们自己创造出来的。只要我们相信潜意识释放的信息，我们就能使用直觉的力量。我甚至认为，潜意识也一直是在按照我们的指令在行动，只是我们看不到其中轨迹而已。

事实上，潜意识是具有记忆力的，而且远胜我们。当我们的意识已经转向别的事后，潜意识依旧记得，并且悄悄在后台工作着。这也可以解释，为什么当我们放松或忙其他事的时候，灵感更容易闪现。

我们要用心关注自己的潜意识，并且按照其指令去做。如果大脑里有声音说"给这个人打电话"，那就去打；如果它说"去这

Feel the Fear...and Do It Anyway
惧动力：拓展自我的根本力量

里"，那就去这里。一开始，我们或许不明所以，甚至无法分辨这声音是来自于潜意识，还是纠结之声，但只要我们按照指令去做，逐渐就能分辨出二者，并且发现潜意识给自己带来的益处。

在面对很多事情时，我都相当依赖自己的潜意识，我会告诉自己"潜意识会为我找到办法"，潜意识从来都不负所托，总能给我以关键提示。

用高阶自我消除焦虑

如果我们感到心烦意乱，就说明我们没有充分运用高阶自我。

高阶自我会让心理能量流动起来，变得和谐生动，就像下图描绘的一样：

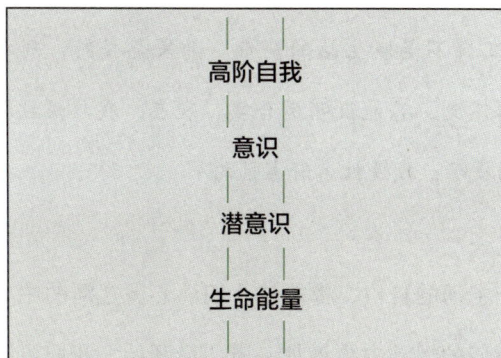

```
                高阶自我

                 意识

                潜意识

               生命能量
```

可以看到，在心理能量形成的河流中，我们唯有不偏不倚，处于河流的中心，也是能量最大的地方，才能保持顺畅流动。然而我们都知道，当一个人心烦意乱的时候，是很难做到不偏不倚的。比如，我们正在为求职发愁时，会很容易认为全世界只有这一个工作机会，一旦面试不过，世界也就随之坍塌了。还有，当伴侣提出分手时，我们会痛彻心扉，觉得这辈子都不可能再有喜欢的人了。如此情境下，我们会被纠结之声控制。

此时，我们可以用"弱者—强者转换图"衡量自己，或者做一些让自己充满信心与力量的事情，让自我暗示与高阶自我相连，重新回到心灵之河的中心点，正所谓"得救之道，就在自身"。

比如，我们可以对自己说：

"这个工作不是我生活的全部。如果是我的，别人抢也抢不走。如果得不到，只能说明不适合我。现在，我应该放松，相信潜意识给出的提示，我没什么好害怕的。"

每一句主动的自白，都能让我们离心灵之河的中心更接近一点，也让我们的惧动力更增加一点。最开始，我们可能需要花上

Feel the Fear...and Do It Anyway
惧动力：拓展自我的根本力量

一些工夫，才能抵达中心点。而练习几次后，我们便能渐入佳境，很快将自己调整到放松状态，感受自身的力量。

如果我们的问题不在于工作，而在于恋爱关系，我们可以对自己说：

"这个女人（男人）不是我生命的全部。如果我们注定在一起，那就能在一起。如果不能，就放手。我应该放松，相信潜意识给出的提示，我的生活很圆满、丰富，没什么可害怕的。"

以我自己为例，结婚不久，丈夫和我物色了一套很完美的房子。正要付钱时，却有人也想购买，房价因此上涨了不少。当我因为房子而心烦意乱时，内心的纠结之声又开始了：

"我永远也筹不到买房子的钱，就算筹到了，为了一栋房子倾尽家财，今后需要钱的时候又该怎么办？但是，如果我得不到那套房子，就再也找不到这么好看的房子了。可是，我该从哪儿才能筹到钱呢？"

很快，我说服自己冷静下来，并主动与自我对话，以此将自己拉回河流中心。

"这套房子不是我生命的全部。如果我不遗余力得到它，房子会是我的。但如果得不到，还会有更漂亮的房子等着我。我应该放松，相信潜意识给出的提示，它会回答我所有的问题，没什么好担心的。"

这样想过之后，我所有的执念真的马上消失了，一股暖流将我包围，我成功地将内心的纠结之声驱散，切换到了安全平静的地方。而那套房子也注定是我们的，我没费多大力气就筹集到了资金。对潜意识的信任，给我带来了这些好运。因此我坚信：

如果不相信自身的精神，我们永远也不会感受到真正的快乐、满足、安全，和其他我们所寻求的内心品质。

尝试去练习，训练我们的意识听命于高阶自我。我的建议是，在我们的人生棋盘中，专门拿出一个格子放置高阶自我，而且，这个格子必须永远存在。每天，我们可以拿出时间来静坐冥想，让自己的注意力汇聚，不断关注高阶自我。

正如下图所示，高阶自我的格子和其他格子不同，它向外辐射，始终影响着其他所有格子。高阶自我像是一位精神领袖，和我们生活中的一切紧密相连——家庭、工作、爱情、朋友、个人成长等。唯有在这种胸怀全局的高度上，我们才能在任何时间与地点创造出最高的价值。

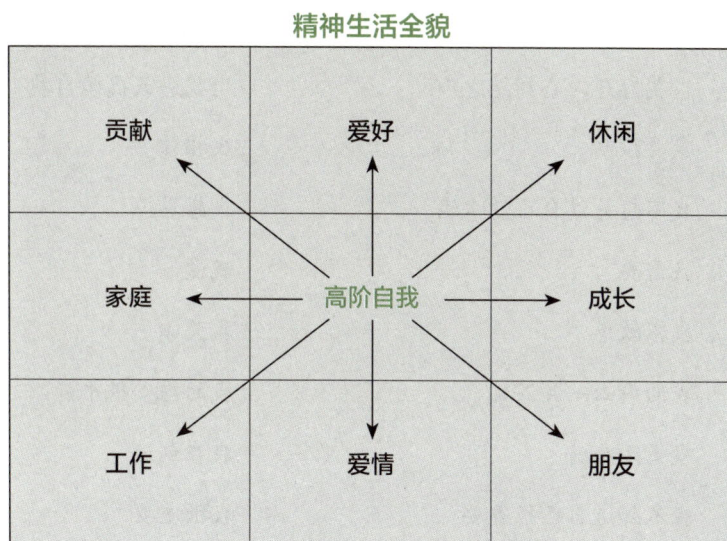

精神生活全貌

贡献	爱好	休闲
家庭	高阶自我	成长
工作	爱情	朋友

如果你已经拥有了高阶自我，必然能懂得并赞同我的观点，如果你尚未找到高阶自我，现在就可以去发掘。

如何才能拥有高阶自我？

请注意下面这些词，尤其是右面高阶自我的那一列，默读下面的引导词，最好是要记住这些与高阶自我有关的短语，日常中，我们要训练自己经常以此作为开头与自己对话，这同样也是一种心理暗示。但是不断这样的冥想与练习，能有助于我们很快拥有高阶自我。

当我打开内心纠结之声	当我进入高阶自我
我要控制	我相信
我不想关注自己的幸运	我感恩
我需要	我爱
我不敏感	我关心
我的内心一片混乱	我的内心很平静
我毫无头绪	我在创造
我不知道自己很重要	我很重要
我排斥一切	我吸引美好
我带来负面的改变	我带来正向的改变
我索要	我给予
我很无聊	我参与其中
我很空虚	我很充实
我怀疑自己	我相信自己

Feel the Fear...and Do It Anyway
惧动力： 拓展自我的根本力量

我不满足	我感谢所拥有的
我一叶障目	我看得更广
我坐以待毙	我活在当下
我很无助	我很有用
我从不快乐	我很快乐
我总是失望	我顺势而为
我心怀怒气	我懂得原谅
我紧绷着	我很放松
我活得像行尸走肉	我充满活力
我被时代抛弃	我享受变老
我很脆弱	我很强大
我无所依靠	我能保护自己
我偏离轨道	我正在路上
我想要控制	我放手
我很穷	我拥有很多
我很孤独	我有很多朋友
我怯懦不前	我敢于进取

chapter 12

此刻是最好的起点，
行动本身就是方向

当我们付出努力和辛苦后，一切似乎如常，

我们不用焦虑，因为结果正在路上。

我们要坚信结果必然会发生，

并给予耐心。

我们要坚信一切有效的改变都是由内而外，

并给予行动。

愿我们都在惧动力中成熟，

感受生命的怒放。

耐心，就是坚信事情一定会发生

我们在开始一件事后遇到的最大陷阱，十之八九是缺乏耐心，焦躁地盼望着结果。缺乏耐心并不会影响到别人，而是对自己的惩罚。我们越是急躁，内心的力量就越是会躲避我们。没有耐心，人也就失去了惧动力，内心充满压力、不满和畏缩。

在我儿子小的时候，我曾教他种花。那一天我告诉他，种下种子以后就会开花，然后，我就让他自己动手播种，而我则去忙其他事了。过了好一阵子，我去看他，发现他正端坐在花盆前，目不转睛地盯着花盆里看。我问他在干什么，他说："我在等花开。"这时我才意识到，有些事我忘记告诉他，那就是：当我们付出努力和辛苦之后，不一定马上就有结果，还需要付出时间等待。

等待需要耐心，需要坚持，需要静观其变。很多时候，当我们失去耐心，认为努力肯定付诸东流的时候，变化其实已经悄然发生了。我儿子在后来等待花开的过程中，心情从十分迫切渴望，变得有些急躁，他每天都跑来问我："妈妈，花什么时候开？"最后，他干脆泄气了，认定自己再也见不到朵花的样子了，可就是这时花开了。用儿子的话说就是："一天早上，我醒来，花也醒了。"

耐心，就是知道事情一定会发生，并付出等待。然后，一切都于不经意间发生了。

耐心总能带给我们惊喜，而且是以惊艳的方式。有一次，我往快要熄灭的壁炉里扔了一根木头，就坐在摇椅上继续看书。其间我时不时瞥去一眼，发现火苗一直没有起来，甚至连点迹象都没有。就在我以为要彻底熄灭的时候，一枚火苗突然从木柴旁边蹿起来了，那一瞬间，我觉得自己的内心都被点亮了。

耐心能让我们更有勇气度过逆境。一直以来，我们都相信，生活可以分为两种境况——顺境与逆境。我们习惯于把前者视为享受，后者视为挣扎。但是在惧动力的衡量下，两者都是很有价值的。困难同样是学习的机会，不同于顺境中的学习，逆境中的开花结果需要更多的耐心，它会在某一天，以"经验""教训"或"借鉴"的方式出现在我们眼前，给我们以重要的提示。而且，在逆境中保持耐心，可以有效地驱散受害者心理，当我们不再一门心思抱怨自己倒霉的时候，我们便不会急匆匆地为自己的遭遇找个替罪羊。

我的经历告诉我，生活的乐趣就在于解决问题，耐心探索，并享受过程。

内在改变，让世界变得真实

如何在追求高阶自我的路上坚持下去，是一个莫大的挑战。我们内心的感觉，是我们评定脚下之路的重要信号。如果我们总是感觉不到快乐、满足感、创造力和爱，那就证明这并非通往高阶自我的路，我们应该去做别的尝试。

有一点需要注意，那就是在实现高阶自我的过程中，我们能改变的只有自己的内心，而并非外界。不要欺骗自己去改变外部因素，也不要认为外部因素改变了，内心就会改变，事实恰恰相反，改变向来是从内在开始的。

认知是一切改变的先行者，认知发生变化，其他的改变自然随之而来。高阶自我，顾名思义，会将我们带向更高处，而激励我们不断攀爬的，是高处别样的景色，是更全面、更完整的视角，还有精神上的轻松和自由。

高阶自我还丰富了我们的人性，我们会更加完整地看待某个人或某个问题，因此既能保持纵观全局的冷静，又能看清表象后的苦衷，保有珍贵的同情心。比如在过去，我们可能会因为有些人犯了错误而反感他们，疏远他们，但是从更高的角度看去，我们便能明白一个错误并不能代表一个人，每个人都有尚待发掘的美好一面。同时，我们还能感受到他们在犯错时的沮丧和后悔，以后，我们再不会轻易发表尖酸刻薄的评论。

高阶自我要求我们抛掉一些过去的信念和习惯。我们不再固守那些陈旧的视角，也能对不值得的事情痛快放手。我们会愿意尝试新的认知方式，在尝试的过程中，随着不断碰撞出灵感火花，我们的意识也对这些认识方式产生了信任。这条进取之旅并非坦途，且没有终点，有时候，我们以为自己终于到达彼岸了，但是命运却会跳出来证明："一切还早。"其间，我们需要休息，也需要在感到挫折时重整旗鼓，我们还需忍耐，很多看似停止的成长，其实是我们正在消化已有的收获。而新的认知模式迟早会变成旧的，届时，还会有更新颖、更睿智、更犀利的视角等着我们，我们便是在这样的不断淘汰与更新中，越走越远。

高阶自我会让一个人变得真正成熟。这成熟是思想层面的，很多成年人虽然高寿百年，却一生都未能实现成熟。青春难以理解成熟，而成熟却可以理解青春。我们想要看清自己走过的路究竟是怎样的，想要知道那些至今走在同样路上的人，会面临什么，就必须站在更高的海拔。

马杰里·威廉姆斯的童话《棉绒兔的故事》中有一段内容我特别喜欢，与我对真实、痛苦和快乐的看法不谋而合：

"什么是真实？"玩具房里，棉绒兔向最破旧、衰老的皮马问道，"会动的机械玩具就是真实吗？"

"真实不是谁能制造的。当一个孩子真真正正爱了你很长时间，你就变成真实的了。"

"那我会痛吗？"棉绒兔问。

"有时候会痛，"皮马回答，因为他一向很真诚，"不过，一旦你变成真实的，你是不会介意被伤害的。"

"我会突然变成真实的吗？还是会慢慢地变？"棉绒兔问。

"当然不是突然的，"马儿答道，"这需要很长时间，所以那些脆弱、锋芒毕露、娇气的玩具就没办法变成真的。大体来讲，当你快成为真兔子的时候，你的毛发会因为经常被孩子爱抚而脱落，假眼珠会掉出来，关节开线，全身邋遢。但这些都不重要，因为变成真的以后，在珍爱你、懂你的人心中，你不可能是丑陋的。"

棉绒兔既希望这个叫"真实"的魔法发生在自己身上，又不想失去毛发和眼珠，因为那对一个玩具来说太可悲了。

可直到被小男孩真真正正爱着——尽管因为抚摸，它胡须

Feel the Fear...and Do It Anyway
惧动力： 拓展自我的根本力量

掉了、耳朵发黑、皮肤褪色甚至变形，小男孩仍旧爱得那么深切——棉绒兔才发现它早已不在乎自己在别人眼里的样子，破旧和难看也根本没什么重要的。

出发，正当其时

一位学员曾对我说："我读了很多书，我认为，有一天我读过的书会自动发挥作用。"我毫不留情地提醒他："没什么能自己发挥作用，除非你自己去使用。"

同样的道理，也适用于惧动力上。我们用了一本书去探讨惧动力，我们列出了很多理论和故事，我们制作了大量的练习。然而，这些都不会自己起效，我们必须自己去拿！去用！去实践！去吸收！去勤于练习，以便确保惧动力不会退化！如果有必要，我们还需要寻求专业人士的帮助。

最关键的核心，就是行动起来。

去画出你的"弱者—强者转化图"，去列出你的生活棋盘，去打通你一直想打却不敢打的电话，去投出你的简历，去发自肺腑地感谢身边的人……总之，行动起来，我们能教给你怎么拥有惧动力，却不能因为你看完了这些文字，就自动赋予你惧动力。

在获取惧动力的过程中，我们有时会感受渐入佳境的快乐，有时又会尝到偏离轨道的苦恼，但要相信我们并不孤独，一定有人和我们一样，探寻着关于惧动力的秘密，希望由此成为强者。

写作本章的过程中，我抽时间参加了"携手美国"公益活动。当大家齐声高唱活动主题曲时，我看着周围人的面孔，他们心怀爱意，热情洋溢，眼睛中写满关怀，每个人似乎都知道，自己虽然只是平凡的人，却仍可以改变自己的世界，并由此让世界发生一些改变。正如罗勒·梅在《追寻自己》中所说的："每个生命有且只有一个核心目标，那就是实现自己的全部潜能。"活动中，我真切地感受到，每个人都看到了自己心中最高尚的那部分，许多人甚至流下了快乐的泪水。

无论我们是银行职员、家庭主妇、公司高管、学员，还是清洁工、老师、制片人、售货员、律师，无论我们年纪几何，又经历过什么，现在，就是我们走向成熟的最好时机。

和焦躁、粗鄙、满腹牢骚的我们告别吧，跟随惧动力走入我们的精神家园，在这里，我们将获得最好的休憩，并且学会如何制造能量。之后，我们可以涉足任何恐惧的地方，做任何恐惧的事情，不断扩展自我的疆界。我们在恐惧中自在穿行，享受那种心跳加速的感觉，并一路大声欢笑，大方高歌。